農業経済学講義

山崎亮一

日本経済評論社

はじめに

　本書は筆者が東京農工大学農学部の学部2年生を対象としながら2009年来行ってきた半期の講義の準備ノートを基に作ったものです．09年から15年までは7年間ですが，10年には筆者は病気のために講義を行うことができませんでしたので，この間，実際に講義を行ったのは6期です．1コマで1章進めることを目安に講義を行っています．そして最後の1コマは試験に当てています．

　講義内容を準備するにあたって特に注意しているのは，受講生の特性です．農工大農学部では，学部生の研究室への配属は3年生の後期からです．そのため，この講義を受講する2年生の時点では，まだ研究室への配属は行われていません．受講生は，多くの場合に理系学生として大学に入学し，将来も研究室や進路の選択を通じて理系の方向に進んでいこうと考えています．ですから，人にもよりますが，農業経済学とのお付き合いは後にも先にもこの半期の講義だけ，という方が一般的です．しかし，その一方で，多くの受講生が，優秀な理系学生として，非常に論理的に，順序立ててものを考える能力を持っています．また，人数はあまり多くはありませんが，中には，将来，農業経済学関係の研究室に進んでいこうと考えている方もいます．あるいは，講義を聴いて農業経済学に関心を持ち，今後，そちらの方に進んでいこうと志を立てる，私達にとってはダイヤモンドの原石のような受講生がいるかもしれません．

　こうした受講生を対象としていますので，この講義では，まず，経済学を，基礎から，順を追って，できるだけ分かりやすく説明することを心がけています．ここで「順を追って」というのは，経済学をアダム・スミスにまでさかのぼって歴史的に説き起こすということです．そして，「分かりやすく説明する」というのは安易に感性に訴えることではありません．論理的に丁寧に説明するということです．理系学生が持つ批判精神に応えるためには，こ

ういうことが必要ではないかと思うのです．また，専門的な概念の使用は最小限に抑えようとしていますが，それを使う場合には，その概念が出てくる背景などからできるだけ丁寧に説明しようとしています．そして，そうやって一般経済学を説明しながらも，同時に，農業経済学に対する関心を喚起すべく，筆者が理解する農業問題の内容を全体の話題の中心に据えています．ただ，本書では一般経済学と農業経済学の関連を強調することに時間を割くあまり，農業を巡る今日的な話題に対する論及が少なくなっている感は否めません．その一方で，一般経済学について徹底的な記述は行っておらず，むしろ受講生に関心を持ってもらうことを主な目的にしています．

　こういう背景と特徴を持つ本書ですが，同じような問題に直面している他大学の教師や学生に，少しでもお役に立つことができれば幸いです．

目次

第1章
スミスと労働価値説

経済学と農業経済学

　まず，一連の講義の大きな流れを簡単に紹介したいと思います．

　この講義は農業経済学です．そこで，講義の中では，この学問のイメージをお話しする必要があるわけです．農業経済学のイメージを語ることは，この学問に固有の対象と方法を語ることです．どんな学問にもその学問に固有の対象と方法があるのです．

　しかし，そうは言っても，農業経済学について，学生の皆さんに，どのあたりからお話ししたらよいかは，正直に言って，いささか迷うところです．そこでこの講義では，農業経済学は，経済学というより大きな学問分野の1つの学科である，ということから考えてみたいと思います．つまり，やや遠回りの話になりますが，農業経済学の話をする前に，経済学について何回かお話しします．そして，どうして，経済学の中に，1つの独立した学科，あるいは学問領域として農業経済学があるのか，こういうことを理解してもらいたいのです．そして，そのことを通して，農業経済学のイメージを得ていただきたいのです．つまり，農業経済学のイメージを得る前段階の話として，経済学の歴史的な流れを紹介します．そしてこれは経済史という学科になりますが，しかしこの講義では経済史そのものを紹介するわけではありません．農業経済学のイメージを得るうえで必要な限りでの経済史です．

重商主義批判としての『国富論』

　まず，本章でこれからお話しするのは，19世紀初めまでの経済学の歴史です．経済学は，18世紀の末に，1人の偉大なイギリス人であるアダム・スミス（1723-1790）が著した，*An Inquiry into the Nature and Causes of the Wealth of Nations*，これを直訳すると『諸国民の富の源泉と本質に関する一考察』ということになりますが，日本では普通『国富論』として知られる古典的文献によって初めて体系化されたと言われています．経済学が，なぜイギリスで生まれたのか，また，なぜ18世紀の末に生まれたのか，ということも気になりますが，ここでまず知ってもらいたいことは，経済学という学問は，21世紀初頭の今日まで200年ちょっとの歴史しか持たない，したがって哲学や天文学のように太古から存在してきた学問と較べると，非常に若い学問であるということです．

　では，スミスが経済学を体系化した目的は何であったのかと言いますと，彼は，当時支配的であった経済思想である，重商主義を批判しようとしたのです．重商主義とは，お金，すなわち貨幣が特別な意味を持っているというものの考え方です．そのため，重商主義にとって，国が豊かになるとはどういうことを意味したのかと言いますと，それは，貿易や，場合によっては略奪を通じて，より多くの貨幣が国内に流れ込んでくるということでした．略奪も重要な意味を持ってはいましたが，平和的なプロセスに着目すると，重商主義は，今流に言いますと，貿易黒字，すなわち輸出と輸入の差額を大きくして，さらにそれを貯め込むことが，国が豊かになることだ，と考えていたわけです．それに対してスミスは，重商主義が行っていたこのような貨幣の特別扱いを批判しました．スミスにとっては，実は彼はこの点で必ずしも一貫していたわけではなかったのですが，しかし大筋においては，お金（貨幣）も特別なものではなくて，数ある商品種類の1つにすぎないものだったのです．そして，これは正しい考え方でした．というのも，その後の経済学が，スミスのこの考え方を基礎にしながら発展していったからです．では，スミスにとって国が豊かになるということはどういうことを意味したのかと

言いますと，それは，国内でより多くの生産物が生産されることであったのです．

　では，国内でより多くの生産物が生産されるようになるとはどういうことでしょうか．そこには，2つの道筋があります．1つは，1人ひとりの人間が同じ期間に物を生産する能力，これを**生産力**と言いますが，この生産力が高くなるということです．そして，もう1つは，社会の中で生産力が変わらなくても，不生産的な活動から生産的な活動に労働力が移動して，生産的な労働を行う人口が増えれば，やはり同じ期間の中で国内でより多くの生産物が生産されるようになります．そして，『国富論』の体系は，岩波文庫で4冊になるほどの分厚い本なのですが，それはこの2つのことを実現する方法を軸に展開し，特に最初の方では，前者の，つまり，国内の生産力を高めるにはどうしたらいいのか，ということを強く問題意識として持っています．

生産力発展における分業の意義

　そして，国内で生産力を高める方法としてスミスがまずもって注目したのは，分業です．だから，『国富論』の冒頭を飾っているのは分業の記述なのです．分業というのは，皆さんもご存じかと思いますが，1人ひとりの人間が，自分が生活していくために必要なことを何でもやるのではなくて，反対に，各人が自分の専門的な仕事を持つということ，要するに，自分の職業を特定化するということです．つまり，1人ひとりが何でも屋になるのではなくて，専門家になる．そうすると，めいめいがいろいろなことをやっていた時と較べると，効率的に作業が行えるようになる．社会の中で分業が深まっていけばいくほど，つまり個人が自分の仕事に特化して，行う仕事の範囲が狭くなればなるほど，個々の仕事は効率的に行われるようになる．そして，そういうことが積み重なっていって，社会全体の生産力が高まっていくわけです．例えば，スミスはピンの例を使っているのですが，そこでは，1人の人間がピンを1本ずつ最初から最後まで作りあげている時よりも，ピンを作る過程をいくつかの工程に分けて，1つひとつの工程を別々の人が担当する

ようにして専門化した方が，はるかに効率的で，同じ時間に同じ人数で作ることができるピンの本数も増える，と言っています．

　こう言うと，なんで分業などという日常的に見られる平凡なことを，わざわざこれほど強調するのか，不思議に思う方もいらっしゃるかもしれません．が，近代以前の，基本的に自給自足の社会では，1人の人間が自分の生活と関わることをほとんど何でもやる，つまり，自分の生活に必要なものの多くは自分自身で作る，ということが当たり前でした．例えば皆さんは，百姓という言葉を知っているかと思いますが，これは，もともとはいろいろな職業という意味です．農業を中心としながらも，しかし何でもやる，前近代の人間の生き様を表現しているわけです．スミスは，前近代と近代との境目の時代に生きた人物でしたので，近代を特徴づける社会の発展を，分業の発展と結びつけて考えたわけです．

　なお，分業が行われておりますと，1人ひとりの人間は，ある仕事・活動に専門化・特殊化していますから，その人が生きていくためには，他の職業に就いている人間と何らかの関係を結ばなくてはなりません．例えば，今のピンの例で言うと，ピンの原料である鉄の針金を切る作業に特化している人は，その切った鉄の針金の先端を磨いて尖らせる作業に特化している人と協力しなければ，完成品であるピンには至らないわけです．そしてこういうことが1つの職場の中で行われる場合，こういった分業のことを，**工程間分業**と言います．しかし，工程間分業も，時代とともに次第にそれぞれの工程が独立した事業になって分かれ，工程間の流れが物の売りと買いを通じて行われるようになっていきます．つまり，別々の仕事に従事している個人と個人の関係が，**市場**（しじょう）というものを通じて結ばれるようになる．そうすると，これは，先ほどの工程間分業ではなくて，今度は**社会的分業**と呼ばれるようになります．そして，社会の生産力の発展は，社会的分業がだんだんと深まっていくこと，したがって，市場が次第に発展していくことだ，とスミスは捉えていました．

　ところでスミスの面白いところは，社会的分業の発展の仕方には自然の順

序がある，と考えていたことでした．自然の順序とは，あるべき順序と言い換えてもいいでしょう．そして，このあるべき順序をふまえないと，社会は順調には発展しない．そのように考えていました．では，社会的分業の発展の自然の順序とは何か，と言いますと，まず農業が発展すべきである，とします．そして，農業が充分に発展した後に，今度は工業が農家の活動からはなれて1つの産業部門となるべきである．そして，農業と工業との発展と並行しながら市場が発達してくると，それにともなって，国内商業が発展するわけです．最後に，国内の農業と工業，さらには商業が充分に発展した後に，市場の広域化のはてに，外国貿易が登場すべきである．つまり，ここで社会的分業の発展の自然の順序を論じながら，スミスは，外国貿易を何よりも重視する重商主義を批判しているわけです．また，農業を全ての産業活動の基礎に置いているので，このようなスミスの考え方は**農業基礎論**とも呼ばれます．

労働価値説と経済原則

ところで，スミスの後ですが，世紀が改まって，19世紀の初めになりますと，デビッド・リカード（1772-1823）という人物が登場してきて活躍します．リカードは貿易の実務家でしたが，同時に非常に有名な経済学者でもありましたので，その名前をご存知の方は多いかと思います．リカードもスミスと同様にイギリス人です．リカードの学問上の功績は，これまた広く世に知られている**『経済学および課税の原理』**という古典的文献を書いたことです．この本は，タイトルの通り，「経済学の原理」と「課税の原理」，この2つの部分から成り立っているのですが，そのうち「経済学の原理」の中でリカードが行ったことは，1つにはスミスが『国富論』の中で描いた経済論理を，精緻なものにしたということです．つまり『国富論』の経済論理が持っていた矛盾を整理して，経済学を，後世にむけて大きく発展させたわけです．『国富論』というのは，言うまでもなく非常に独創的な学説体系なのですが，そこには独創的なものにつきものの矛盾や，混乱も少なからずあった

わけです．リカードは『国富論』体系が持つ，そういった矛盾点や混乱した点を整理したのです．

例えば，スミスもリカードも，ともに，自分達の経済学の基礎に**労働価値説**というものを置いていました．というよりも，より正確には，スミスの労働価値説をリカードは継承しました．労働価値説とは，商品の価格の基礎に労働を見る学説です．商品は使用価値（有用性）と交換価値（価格または価値）の２つの要因から成っていますが，労働価値説によりますと，このうち商品の価格または価値は，その商品を作るのに社会的平均的に必要な労働量によって決定されています[1]．労働量は，通常は，労働時間によって計られます．例えば，生産するのに，普通の熟練度，つまり普通の仕事の習熟度を持った人が２時間かかる生産物の価格または価値は，やはり普通の熟練度・習熟度を持った人が生産するのに１時間かかる生産物の価格または価値の２倍なのです．しかし労働価値説は，よりさかのぼって考えてみるならば，**商品経済**のもとでは，**経済原則**というものが，商品の価格または価値を指標（indicator）にしながら貫かれている，というものの考え方を基礎にしています．

なお，今急いで述べたことには，説明が必要な言葉が２つあります．簡単な方から述べますと，商品経済という言葉です．商品経済とは，読んで字のごとく，生産物が通常は商品として生産されている社会のことです．つまり，生産物が売ることを目的にしながら生産される社会のことです．では，生産物が売ることを目的にして生産されない社会は何かというと，それは**自給経済**です．自給経済というのは，生産物が，それを生産する生産者によって，自分自身や家族で消費することを目的に生産されている社会のことです．

また，２つ目に説明を必要とする言葉として，経済原則という言葉があり

---

1)　ただし，『国富論』はこの点で必ずしも一貫していたわけではありません．そこには，次章で見る構成価値論や，商品価値の背後に本文に記してある商品生産に必要な投下労働量だけを見るのではなくて（投下労働価値説），ところによっては，商品価値で購入することができる労働量を見る支配労働価値説も混在していました．

ます．経済原則とは，社会が維持されるためには，その社会の中では，社会が必要とするいろいろな生産物を適切な量で生産するために，労働がそれぞれの生産部門に適切に配分されていなくてはならない，ということです．今述べたことは，ちょっと回りくどくて分かりにくかったかもしれませんので，以下で，簡単なイメージを持ってもらうための例を述べます．これは，例えば，ある社会では，工業部門に全労働人口の90%，農業部門に10%，という具合に，その社会が維持されていくためには，労働力がそれぞれの生産部門に適切に配分されていなくてはならない，ということです．そして，こういうふうに労働力を配分するためには，何らかの方法が必要になってきます．そこで，それぞれの社会は，こういった経済原則を解決するための，固有の仕組みを持っているのです．そこには，大きく分けて，2つの方法があります．

　1つは，**計画経済**です．かつて存在していたソビエト連邦はこの計画経済の社会であったと言われています．計画経済のもとでは，上に述べた経済原則の実現は，国家計画に基づく労働力の動員によって行われていました．国内の労働力が，国家計画に基づいて，例えば工業部門に90%，農業部門に10%という具合に，動員されていたわけです．しかし商品経済のもとでは，もちろんこのような国家計画に基づいて経済原則が実現されているわけではありません．では，商品経済のもとで，経済原則はどのように実現されているのかと言いますと，先ほど説明しました労働価値説の考え方によりますと，商品の価格または価値に基づいて実現されているのです．

　このことを，具体的な数字の例を使って考えてみたいと思います．なお，ここでは，単純化のために，商品の価格または価値がそのままその商品を生産した人の所得になる，と考えます．また，生産に要する生産要素は労働力のみと考えます．そうしますと，例えば，生産するのに1時間かかる商品Aの価格が1,000円の時に，同じく生産するのに1時間かかる商品Bの価格が2倍の2,000円だとすると，商品Aの生産者には1,000円，商品Bの生産者には2,000円の1時間当り所得があります．ここで，今は商品Aとか商品B

とか言っていますが、それぞれ、農産物、工業製品、と置き換えて考えてもらってもかまいません。しかし、ここでは、商品 A、商品 B という言い方を続けます。

さて、商品 A の生産者が経済的に合理的に物事を判断する人物であるとしたならば、商品 A の生産をやめて商品 B の生産に移ると、同じ時間だけ労働を行っても、そこでは 2 倍の所得があるわけですから、より高い所得の商品 B の生産に移った方がいいと考えるでしょう。そして実際にもこのような生産物の変更を行うでしょう。こうして、商品 B の生産に、商品 A の生産から移る人が出てくると、商品 B の生産に従事する人が増えてきます。そうすると、それにつれて商品 B の生産量が増えてきます。さらに、ここで仮に社会の中での商品 B に対する需要量が変わらないとするならば、それに対する供給量が増えるわけですから、商品 B の価格がだんだんと下がってきます。反対に、商品 A の生産量は減るので、商品 A の価格は上昇します。こうして商品 A の価格は上昇し、商品 B の価格は下がりますが、この反対方向の価格の運動はどこで落ち着くのか、と言いますと、商品 A の価格と商品 B の価格が等しくなるところ、つまり、2 つの商品の価格が均衡するところです。例えばこの均衡価格を 1,500 円としますと、この 1,500 円という価格は、商品 A の生産であれ商品 B の生産であれ、ともかく、1 時間という労働の結果ということになります。

ここで前提になっているのは生産者の自由な部門間での移動ですが、このことを前提とする限り、等しい価格は等しい労働投下を背後に持っている、別の言い方をするならば、商品の価格は、商品を生産するのに必要な労働の量、すなわち労働時間によって決まっている、ということになります。そして、このような、商品の価格が労働の量＝労働時間によって決まっているということが実現される過程は、同時に、社会の中で、この 2 つの部門の間に労働力が配分される過程でもあるわけです。つまり、社会の中での労働力の産業部門間での配分は、商品の価格を指標としながら、商品の価格に対する 1 人ひとりの生産者の反応（reaction）を通じて行われているわけです。そ

して，今の例では，2つの部門しか考えませんでしたが，こういった，価格を通じた労働力の配分が2つの部門にとどまらずに社会全体の部門の間で行われる時に，先ほど述べた経済原則[2]，すなわち，社会が必要とするいろいろな生産物を適切な量で生産するために，労働力がそれぞれの生産部門に適切に配分されるという，どんな社会であれ，およそ1つの社会が成り立っていくために必要な原則が，商品の価格とそれに対する個人の反応を通じて実現されるわけです．もっとも，今の説明では先のとおりに単純化が行われています．実際には，商品の価格または価値がそのままその商品を生産した人の所得になるわけではありません．素手で自然界から物を採取するのでなければ生産活動には原料や道具など労働力以外の生産要素が必要ですから，こういったものに対して商品を売って得た金額からどのように価値を配分するかという問題があります．また，資本制社会では労働の所得が生産活動の目的なのではなくて，それは企業の利潤ですから，そのことと労働価値説による労働力配分の説明とをどのように整合させるのかという問題があります．

　こういったことを解明するために，労働価値説に基づく経済学の体系は，スミス，リカードから，さらにマルクスへと発展していくことになります．今述べた最後の点は，マルクスがリカードを批判した際の重要な論点でした．また，ここまで実は曖昧に表現してきた商品の価値と価格が，実は異なるものだということも，今の説明でお分かりいただけたのではないかと思います．商品価格の運動の中心にあるのが価値なのです．しかし，これからも，商品

---

2)　経済原則という言葉を辞書で引くと次のような説明に出会います．「最小の費用によって最大の効果をあげるという原則」（広辞苑）．この説明と本文の説明は，実は整合しているのですが，しかし次の2つの点で視点が異なります．第1に，本文の説明は社会的な労働配分の話であるのに対して（これをマクロな視点と言います），この辞書の説明は，労働配分を支える個人の行動原則の話です（これをミクロな視点と言います）．第2に，本文では，資本制社会に限らずあらゆる社会に存在する労働配分の話をしているのに対して（これを歴史貫通的な視点と言います），辞書の説明では，資本制社会に視野を限定しています（これを特殊資本制的な視点と言います）．すなわち，本文で歴史貫通的・マクロ的に捉えた経済原則を，特殊資本制的・ミクロ的な視点から捉えかえしたのがこの辞書の説明と言えます．

価値を反映した価格という意味で，商品の価値または価格という表現を使わせていただくことがあります．

労働価値説の人間観と労働犠牲説

ここでこの章の最後に，こういった労働価値説の世界で想定されている人間の在り方を考えてみたいと思います．労働価値説の世界で想定されている人間は，先ほど，経済合理的に行動する，と述べましたが，このことをさらに考えてみると，意外なことに，実は，労働に対して否定的（negative）な態度をとっていることが分かります．どうしてかと言いますと，まず，この人は，なるべく少なく働こうとしているからです．そして，なるべく少なく働こうとしているにもかかわらず，ちゃっかりと，最大の所得を得ようとしているのです．つまり，楽をしながらもうけようとしているのです．このように言うと，皆さんは当たり前のことだと思われるかもしれませんが，これは労働に対する1つの姿勢として相対化されなくてはいけません．そして，人々がなるべく少なく労働しようとしている，という労働価値説のものの考え方の背後には，労働は人間の喜びを犠牲（sacrifice）にしながら行うものだ，という観念があります．つまり，人間の喜び，楽しみ，幸福は，本来は，労働を行っていない余暇の時間の中にこそある，という考え方です．そして，労働は，こういった喜び，楽しみ，幸福を犠牲にしながら，いわば，必要悪として行うものだ，というのです．こういった労働観を，犠牲としての労働，という意味で**労働犠牲説**と言います．

さて，労働価値説から始まって，経済原則，労働犠牲説ということを説明しました．そして，先ほど述べたように，こういった一連の議論は，スミスに始まってリカードに継承されたわけです．そして，最終的に，労働価値説に立脚した経済学は，ドイツ人のカール・マルクス（1818-1883）によって一応完成されます．ここで一応と言っているのは，マルクスの経済学も未完だからです．これはマルクス自身の構想が成就される前に本人が死んでしまった，ということと，まだ残された問題がある，ということです．この2つ

が同じことであるのか，違うことなのかは判断に迷うところですが，マルク
スにも自ら生きた時代の制約があると考えるのが妥当でしょうから，おそら
くは異なることでしょう．

剰余価値と疎外された労働

それはともかく，マルクスは，労働価値説，経済原則，労働犠牲説，この
3つのうちの最後の労働犠牲説について，スミスとはかなり違うことを言っ
ています．それはどういうことか，と言いますと，マルクスによれば，労働
というのは，本来は不幸ではないのです．それどころか，マルクスが言うに
は，労働は，本来は喜びである．なぜならば，人間は，労働を通じて自分の
中に眠っている可能性を開花させて自己実現することができるからだ，とい
うのです．ここでは「本来は」という言葉を強調する必要があるでしょう．
しかし，その労働の果実が，労働を実際に行った人のものにならない社会の
在り方がある．そういった，ゆがんだ社会の在り方が，労働を苦痛に満ち溢
れたものにしているのだ，とマルクスは言うのです．

ここで，労働の果実というやや漠然とした言い方をしたものは，経済学で
は，**剰余価値**という概念で表現されます．剰余価値とは，生活に最低限必要
な価値を超える価値です．具体的な例を用いて説明しますと，日本の江戸時
代の農民は，生産した農産物のうち，自分の家族の生命を維持するために最
低限必要な分を超える農産物を，封建領主である大名に対して，年貢として
納めていました．ここでは，年貢が剰余価値に相当します．そして剰余価値
としての年貢が生産されるためには，農民が，自分の家族の生命を維持する
ために最低限必要な農産物を超える分量の農産物を生産する能力を持ってい
ることが，もちろん必要です．つまり，剰余価値が生産されるためには，
人々がものを生産する力，先ほど述べました生産力のある程度の発達が必要
なわけです．人類の労働は，歴史のかなり早い時期から剰余価値を形成して
いました．というよりも，例えばエジプトのスフィンクスやピラミッドの建
設も，剰余価値の存在を前提とするものですから，人類の歴史は，少なくと

も文明を持つ人類の歴史は，剰余価値の形成とともに始まった，と言うことができそうです．

　ところで，江戸時代の農民の例では，剰余価値が年貢の形で存在しているわけですから，剰余価値があることは当時から誰の目にも明らかです．農民にとっても，年貢としてとられる自分の労働の果実の痛みははっきりとしています．しかし，我々が生きる資本制社会の労働者が剰余価値を生産しているかは，それほどはっきりしたものではありません．我々は，多くの場合，剰余価値を生産していることを，江戸時代の農民ほどははっきりと意識していません．しかし，資本制社会の労働者も剰余価値を生産していることは明らかです．労働者は剰余価値を生産しているから企業に雇われているのです．自分の生活費しか稼がない人を雇うほど企業はお人好しではありません．労働者が企業の儲けの部分も稼ぎ出すから企業は労働者を雇い続けているのです．では，なぜ我々は剰余価値を生産していることをそれほどはっきり意識していないのかと言いますと，実は，資本制社会にはこのことを巧みに覆い隠す，つまり隠蔽する仕組みが存在しているからなのです．例えば，賃金が時間単位で払われると，働いた時間全てが支払われているような錯覚に陥ってしまいます．月給 20 万円などと言われると，1 カ月の労働の全てが支払われているような気になってしまい，反対に，労働の例えば 3 分の 2 は企業のために行っている，ということが見えなくなってしまうのです．

　なお，人類の歴史の不幸は，この剰余価値が，社会を支配する特定の個人，またはそういった個人の集合体である階級に帰属する歴史であった，ということです．江戸時代の例で言いますと，剰余価値は，それを生産した農民のものにはならないで，封建領主である大名のものでした．こうしたことから，マルクスは，労働犠牲説ではなくて，本来喜びであるはずの労働がゆがめられて苦痛になっているのだ，という意味で，疎外された（alienated）労働，というものの考え方を打ち出すわけです．

　疎外というのは人間が作り出したものが，人間にとって疎遠なものになってしまっているということです．労働は人間の活動なのですから，人間は，

本来は，労働を楽しみながら，労働を通して自己実現することができるはず
なのです．それが，むしろ，イヤなもの，忌むものになってしまっている状
態を，本来の姿から外れている，としているのです．

　この労働疎外というものの考え方は，晩年のマルクスよりは，20歳代の
若い頃のマルクスに強く表れています．そのころの代表的な著作は『経済
学・哲学草稿』というノートです．しかし，マルクスについては，後で，ま
た述べる機会があります．本章では，労働価値説が，スミス，リカードから
マルクスへと継承されていったことを中心にお話しいたしました．

参考文献（出版年は原典初版のものです）
スミス, A.（1776）『国富論』岩波文庫（水田洋監訳・杉山忠平訳）.
マルクス, K.（1844執筆）『経済学・哲学草稿』光文社古典新訳文庫（長谷川宏訳）.

第2章
リカード差額地代論

農業経済学で地代論は重要

　農業経済学の前段として，経済学の流れを説明しているところです．前章では，アダム・スミスに始まって，デビッド・リカードを通過して，少しカール・マルクスまでいきました．労働価値説が話題の中心でした．労働価値説というのは商品の価値・価格を説明するための理論です．労働価値説では，商品の価値または価格の大きさを決めるのは，その商品を生産するために社会的に必要な労働投下量，すなわち労働時間でした．労働価値説を，リカードは，経済学の父とも呼ばれるスミスから継承しています．そして，商品の価格が社会の中で果たしている役割は，社会全体の労働を農業とか工業といった産業部門の間にどのように配分するかを決める指標であったわけです．いかなる社会でも，社会が成り立っていくためには，産業部門間への労働配分が行われなくてはならないのですが，それが，価格に導かれながら行われる．これが商品経済の特徴であったわけです．

　この章では，リカードの話をもう少し詳しく行います．中でも，特に，**地代論**を中心に述べます．地代論は農業経済学の基礎理論として非常に重要なものです．スミスにも地代論はありますが，しかしそれを後に説明する**差額地代論**の形で最初に体系化したのはリカードです．前章でも紹介した『経済学および課税の原理』という 1817 年にイギリスで出版された本の中においてです．リカード理論の現代的意義，といったことは，おいおい述べますが，

この章では，リカード理論そのものにおつきあいください．

スミスの構成価値論

リカードにいく前に，もう一度，スミスに戻ります．何度も述べておりますように，スミスは，自分の経済学の体系を，労働価値説に立脚して打ち立てました．しかし，スミスの欠点とも言えることは，彼は，実はこの点で一貫していなくて，時にブレていたということです．商品の価値・価格を説明するにあたって，時に，労働価値説以外の，別の説明の仕方を行う場合があったのです．それが，いわゆる**構成価値論**と呼ばれるものです．構成価値論の「構成」とはどういう意味かと言いますと，商品の価値・価格は，それを構成している部分から成り立っているということです．ここで，商品の価値・価格を構成している部分は３つあります．１つは労働者の労働に対する報酬，すなわち**賃金**（wage）です．２つ目は，資本家による資本投下に対する報酬である**利潤**（profit）です．そして最後の３つ目が，土地所有者が行う土地の提供に対する報酬である**地代**（rent）です．資本制社会にはおおまかに言って３つの階級が存在している．つまり，**労働者**，**資本家**，**地主＝土地所有者**の３大階級がいる．だから，商品の価値・価格も３つの部分から成っている，というのです．なお，資本制社会の３大階級が労働者，資本家，土地所有者から成り立っている，というのは，当時のイギリスの状況を反映しています．

ここで３つの階級を１つひとつ詳しく見ていくことにしましょう．まず，労働者とは何でしょうか．労働者とは，人に雇われて自分の労働力を売り，雇われた人のもとで労働を行い，そして行った労働の報酬として賃金を受け取る人達＝階級です．次に資本家というのは，資金＝資本を事業に投下して，投下した資本の一部で労働者を雇いながら事業活動を行い，事業活動の結果＝果実として，利潤を得る人達＝階級です．そして，資本制社会の基本的な階級はこの労働者と資本家なのですが，現実にはその他の主な階級として土地所有者がいる（土地の私的所有は，資本制社会を存続させていくうえで

重要な意味を持っています）．では，土地所有者は何を行うのかというと，土地所有者は，自分が所有している土地を貸し出す．そしてそのかわりに，地代を受け取る．土地所有者とは，そういう人達＝階級です．そして地代は，土地を主な生産手段としている農業では，きわめて重要な意味をもっています．

　スミスの構成価値論によりますと，農産物の価値・価格を構成しているこれら 3 つの部分，つまり，賃金，利潤，地代は，それぞれが独立に決まる．つまり独自の要因によって決まるのです．そして，こうして独自にその大きさが決まった賃金，利潤，地代が積み重なって，合わさって，農産物の価値・価格の全体の大きさが決まるというのです．これは，労働価値説とは大きく異なる農産物価値・価格の説明の仕方です．なぜならば，労働価値説では，商品の価値・価格の大きさは，その商品を作るのに必要な労働量＝労働時間によって決まる，とすっきりと説明していたからです．スミスは商品の価格を説明するにあたって，時に労働価値説であったり，時に構成価値論であったり，ゆらゆらと揺れているのです．

　では，どうしてスミスはこういうふうに労働価値説と構成価値論との間を揺れていたのでしょうか？　実は，スミスは 2 つの問題を混同していたのです．何と何を混同していたのかと言いますと，1 つは，商品の価値・価格の形成の問題であり，もう 1 つは，商品が売れた後で，その売れた商品の代金として得られるお金が，どのように所得として 3 大階級の間で分配されるかという問題です．スミスは，この 2 つの問題を混同していたのです．つまり，労働価値説は，商品の価値・価格の大きさがどのように決まるのかという問題なのですが，それとは一応別個の問題として，今度は，商品が売れた後で，別の言い方をするならば商品の価値・価格が実現された後で，そこで得られた金額が，資本制社会の 3 大階級の間に賃金，利潤，地代としてどのように分配されるのか，そういう問題があるはずです．しかし，スミスはこの 2 つの問題を明確に分けて立てなかったのです．その一方で，リカードはこの 2 つの問題をしっかり分けて，それぞれの問題を正しく提起しました．

　ただし，商品の価値・価格の中には，賃金，利潤，地代以外に，生産で使われた原料や道具などの部分も含まれているはずですが，リカードはその部分も3者に還元しています．これはリカードがスミスから引き継いだ問題点です．

　繰り返しになりますが，賃金，利潤，地代というのは，売れた商品の代金が，3大階級の間にどのように分配されるかという問題です．そのことと，そもそも商品の価値・価格はどのようにして決まるのかという問題とは，別の問題なのです．

リカードの分配理論

　リカードは，この2つの次元の問題を，正しく，はっきりと区別して，商品の価値・価格の説明を，労働価値説で一貫させようとします．その一方で，リカードは，商品が売れて得られた代金が，どのように諸階級の間で分配されるかという問題も，それはそれとして考えます．ただし，もちろん，リカードは賃金，利潤，地代が，それぞれ独立に決まるとは考えません．なぜならば，繰り返しますが，リカードには，商品の価値・価格がまず労働価値説によって，つまり投下された労働の量で決まる，という大前提があるからです．ですから，リカードによると，労働者と資本家と土地所有者とは，商品が売れた後の代金から，自分達の所得を，それぞれが賃金，利潤，地代として得るにあたって，総額が与えられたものをお互いにとりあう関係に，すなわち，対抗関係にあることになります．このようにリカードは，**階級対立**という概念を事実上認識していたわけです．事実上と言ったのは，リカード自身はこのことをそれほど明確には主張してはいないからです．リカードの理論を延長すると，例えば労働者と資本家は仲が悪いということにならざるをえないのですが，リカードはこのことを，後のマルクスほどはっきりとは述べていないのです．

　ところで，リカードにとって，賃金，利潤，地代，この3つの中で，最初に決まるのは何かというと，それは賃金です．なぜならば，賃金は労働者の

生活費の水準によって決まる．そしてそれは，多くの場合に，ギリギリ最低限の水準に決まっているので，変動の余地はほとんどないのです．少なくとも，当時のイギリスではそうでした．つまり，賃金は，常に，必要不可欠な生活手段を得るのにちょうど足るだけの水準に決まっていたので，変動の余地が少なかったのです．別の言い方をするならば，賃金は，通常は，もうこれ以下に下げることができないギリギリの水準に決まっていたので，さらに引き下げることができなかったのです．こうして，農産物が売れた後に得られる代金からは，まず，賃金が引き去られる．そして，その残りが，利潤と地代になるわけです．

　さて，農産物の代金から賃金が引き去られた後に残った金額が，さらに利潤と地代に分かれるのですが，では，利潤と地代のうち，どちらが優先的に決まるのでしょうか．それは，リカードによると，土地所有者が受け取る地代です．地代は，先ほど述べましたように，土地の提供に対して支払われる代価です．では，なぜ，利潤ではなくて地代が優先的に支払われなくてはならないのでしょうか．このことを理解するには，土地というものが持つ特別な意義を理解する必要があります．リカードは，「地代は，大地の生産物中の，土壌の根源的で不滅の力の使用に対して地主に支払われる部分である」と言っています（『経済学および課税の原理』岩波文庫, p. 103）．これはどういうことでしょうか．皆さんも考えてみてください．

　およそ，人間が生きていくうえで，最も必要な生産物は何でしょうか．これは農学部の皆さんには愚問ですね．それは，言うまでもなく食料です．そして，食料を生産するためには，特に，重要な穀作の場合には，広大な面積の土地を必要とします．このように，土地は，人間存在にとって必要不可欠なものなのですが，しかし，土地は，自然の賜物で人間が自由に作り出すことはできません．したがって，土地の量には限りがある．こういう貴重なものを提供する報酬として，土地所有者は，十分な額の地代を受け取らなくてはならないし，実際にも受け取っている．リカードはそのように考えました．つまり，リカードは，人間が生きていくうえで最も必要な食料を生産するに

は土地が必要であるが，しかし土地は有限なものだから，地代が優先的に支払われるのだ，と考えているのです．**土地の重要性**と，その一方での**有限性**を根拠に，リカードは地代を利潤に優先させているのです．

そして，最後に利潤なのですが，利潤とは，先ほど述べましたように，資本投下に対する報酬です．が，それは，リカードにとって，農産物価格のうち，まず賃金が引き去られ，ついで地代が引き去られた，その残余，残りの部分です．賃金や地代が，先ほど述べましたように，労働者の生存や，より大きく人間存在の再生産という観点から，その大きさが言わば**能動的＝積極的**に決まるのに対して，利潤の大きさは，農産物価格から賃金や地代が引き去られた後の残り，という形で，そういった意味では，いわば**消極的＝他律的**にその大きさが決まっている．それが，リカードの考える利潤です．

なお，こういったリカードの地代観および利潤観には，今日では少し分かりにくいところがあるかもしれません．つまり，現代社会に生きる我々には，土地所有者の受け取る地代が，企業の利潤に優先するというのは違和感があるかもしれません．実は，リカードの地代観および利潤観には，近代以前の社会の意識が反映しているのです．近代以前の社会では，地代こそが正当な財産所得でありました．その一方で，利潤は，なにか不当な所得とみなす観念がありました．例えば，日本でも，江戸時代には，封建領主の年貢は正当な所得でした．しかし，商人が得る利潤は，その反対に，なにか卑しいものとして蔑む観念が存在していました．リカードが生きた時代のイギリスは，既に近代でありました．が，まだ，今述べたような前近代の観念が生きていました．というよりも，リカードは，論陣を張りながらこういった前近代の観念と戦っていたと言えるでしょう．

リカード差額地代論における１つの前提条件

リカードの地代の話に戻ります．リカードによる地代がどのように決定されるかの説明，つまり地代論は，通常，先述のとおり差額地代論と言われています．なぜ差額地代論と言うかはおいおい述べていくことになります．な

お，ここで 1 つ申し上げておきますと，リカードが経済学で行ったことは，ただ単にスミスを精緻化したにとどまりません．リカードは，スミスが展開しなかった新たな議論を展開して，経済学の内容をより広げて豊かなものにもしました．それは，とりわけ，本章でこれから説明する差額地代論と，この本の中では十分にお話しできませんが，貿易論という分野で顕著でした．貿易論として有名な**比較生産費論**というのをご存じの方もいらっしゃるかと思いますが，これはリカードが展開したものです．比較生産費論については補論 3 のところで少し説明いたします．

　差額地代の具体的な決まり方を，ここではマルクスが使っている数値例を用いて説明することにしましょう．なお，差額地代論それ自体について説明する前に，ここでその前提条件を紹介します．それは，農業生産が資本制的に営まれている，ということです．農業生産が資本制的に営まれているとはどういうことでしょうか．それは，農業も大規模な工業などと同様に，資本家・経営者が事業に資本を投下して，それで農具や種子などの生産手段を買い入れ，さらに労働者を雇って生産活動を行っている，そういう世界を想定しているということです．したがって，地代論の世界は，われわれが今日見慣れている，家族経営による農業生産とは，だいぶ趣を異にしています．

　地代論の世界では，農業は，大規模な工業や商業と同じように，資本家が資本投下を行う 1 つの産業部門にすぎません．しかし，土地，すなわち農業生産にとって重要な生産要素である土地は，資本家・経営者の所有物ではありません．そこでは，排他的に土地を所有する地主，すなわち土地所有者が，独立した階級として存在しています．そして，資本家・経営者が農業に資本を投下して生産活動を行うためには，土地所有者から土地を借り入れなくてはなりません．さらに農業の資本家・経営者は，土地を借り入れた代金として，土地所有者に対して地代を支払うのですが，地代論で問題にすることは，この地代の大きさがどのようにして決まるのかということです．なお，資本制的な経営については補論 1 のところでさらに詳しく説明していますから，必ず見るようにしてください．

第 2-1 表　差額地代

土地種類	生産物		資本投下	地代	
	クォータ	シリング		クォータ	シリング
A	1	60	50	0	0
B	2	120	50	1	60
C	3	180	50	2	120
D	4	240	50	3	180
計	10	600		6	360

注)　A:最劣等地.　B, C, D:優等地.

農産物価格の形成

　ここで, 第 2-1 表のように, 同じ面積の 4 種類の土地, すなわち A, B, C, D があると考えてください. A, B, C, D は何が違うのかと言いますと, 土地の豊かさが違います. 土地の豊かさの程度のことを, 経済学では**豊度**と言いますが, A, B, C, D の土地は, お互いにこの豊度が違うのです. ただし, 土地の面積はそれぞれが同じと考えてください. そして, A, B, C, D の土地に, それぞれ同じ量の労働や資本が投下されています. この表では, 資本投下が何れの土地に対しても 50 シリングである, ということに示されています. シリングとは当時のイギリスの通貨単位です. このように, 同じ額の資本投下がなされているにもかかわらず, この例では, 生産物は小麦ですが, その小麦の生産量は土地によって異なります. なぜ小麦かと言うと, 小麦がヨーロッパで主食であるパンの原料穀物だからです. 日本で同じような例を考えるならば, やはり, 主食穀物ということで米にすべきしょう.

　それはともかく, 一番小麦の生産量が少ないのは A の土地で, 1 クォータしか生産しません. クォータとは生産量の単位で, おおよそ 300 リットルです. 他方で, 一番小麦の生産量が多いのは D の土地で, そこでは 4 クォータが生産されます. このような土地の種類による小麦の生産量の違いが, なぜ生じてくるのか, と言いますと, それは, 先ほど述べた, それぞれの土地が持つ豊度の違いが原因だ, と説明されます. 土地の豊度とは, 土地の豊かさだと言いましたが, もう少し詳しくは, ある土地が農産物の生産に適して

いる程度のことで，気候，土地が含む栄養分，灌漑施設へのアクセスなどが要因として含まれています．D は優れた土地で多くの農産物を生産しますが，A は劣った土地で最も少ない農産物しか生産しません．

では，この場合に，小麦の価格はどのようにして決まるかと言いますと，それは，A の土地で生産される小麦の生産費を基準に決まる，とされます．A の土地は，最も豊度が低く，そのため小麦の生産量が最も少ない土地です．こういった，生産性が最も低い土地のことを，ちょっときつい表現になりますが，**最劣等地**と呼びます．最も劣等な土地という意味です．それに対して，最劣等地以外の土地，今の例では B，C，D の土地ですが，それをここでは**優等地**と呼ぶことにしましょう．

小麦の価格が最劣等地の生産費で決まることを，以下で具体的に説明します．最劣等の A の土地では，50 シリングの資本投下の結果として，1 クォータの小麦が生産されています．これを基準にして小麦の価格が決まるということは，1 クォータの小麦の価格が，50 シリングの資本投下に，プラス10 シリング，合計で 60 シリングになるということです．つまり投下された資本だけでは不足で，そこにさらに 10 シリングを足さなくてはなりません．10 シリングを足すのはどうしてか，と言いますと，投下された資本に，利潤を加える必要があるからです．利潤は資本投下に対して資本家が受け取る報酬です．その利潤の大きさを，今，ここでは仮に，10 シリングの大きさにしているのです．この表の中では，利潤の大きさは，すべての資本家にとって同じ大きさになっています．これは，平均的な大きさの利潤が社会的に成立していることを意味しています．もちろん，実際にはこれよりも儲けが多い人もいますし，少ない人もいます．しかし，普通に事業を成功させたらこれぐらいの利潤があがるだろうという見通しが社会の中に存在しているわけです．このような，平均的な大きさの利潤のことを，**平均利潤**と言います．平均利潤の存在を想定していることも，地代論の世界が持つ 1 つの特徴です．

なお，こういう説明の仕方をすると，これは先ほどの利潤の説明と矛盾しているのではないかという疑問を持たれる方がいるのではないでしょうか．

つまり，ここで投下された資本に利潤を付け加えることは，利潤は売れた農産物の価値・価格から賃金と地代を差し引いた残りだとする，リカードの分配に関する説明に反しているのではないかということです．

こういった疑問に対して，まず述べなくてはならないのは，リカードの分配理論は，地代に関するここまでの説明では，まだ使っていないということです．リカードの分配理論は，次章のメインテーマである巨視的動態論で使います．そのうえで，さらに述べなくてはならないのは，資本が投下されるためには利潤がどうしても必要だということです．儲けもないのに自分の大事なお金を事業に投資する人はいません．たまたま事業に失敗して損をする人は勿論います．しかし，それはまた別の話です．ある事業に投資して，普通に事業を行えば，社会的に平均的な利潤が得られる．そういう見通しがあるからこそ，人々は自分の虎の子のお金を事業に投資するのです．そういう平均的な利潤を，今，ここでは，50シリングの資本投下に対して10シリングと想定しているのです．社会的に平均的な利潤なので，ここでは，A，B，C，D全ての土地に対する資本投下で同一の額に想定しています．ただ，平均利潤とは言ってもそれは約束されたものではありません．人々が競い合った結果として，利潤が社会的にこの水準に収斂している，ということです．普通に事業を行ったならば，50シリングの資本投下に対して10シリングが得られる，こういうことを目安にしながら人々は資本を投下しているのです．

なお，念のために述べておきますと，1クォータの小麦の価格が今のような形で決まってその額が60シリングだとすると，Aの土地は1クォータしか生産しないので，Aの土地で生産される小麦の総販売額も1×60で，当然に60シリングです．

差額地代の形成

さて，1クォータ当りの小麦の価格がこのようにAの土地を基準としながら60シリングに決まりますと，優等地であるB，C，Dの土地で生産される小麦を販売して得られる総額は，それぞれ，120シリング，180シリング，

240 シリングとなります．なぜならば，B，C，D の土地では，最劣等地である A の 2 倍，3 倍，4 倍の生産物がそれぞれ獲れるからです．これらの総販売額と，最劣等地である A の総販売額との差額が，すなわち地代になる．これが，今はマルクスの数値例で示しましたが，リカードの差額地代論の説明です．地代の額は，B，C，D の土地で，それぞれ 60 シリング，120 シリング，180 シリングとなります[3]．

差額地代に関する補足

　しかし，ここにはさらに説明を必要とすることがいくつかありますので，以下でそれを行います．1 つは，小麦の価格が，なぜ，最劣等地の生産費を基準にして決まるのか，ということです．これはどうも多くの方が理解しづらい点のようです．結論的に言うならば，農産物，とりわけ主食穀物は，人間が生存していくうえで必要な量を，どうしても確保しなくてはならないからです．皆さん，空想を働かせて第 2-1 表を 1 つの世界と考えてみてください．この世界では，総生産量の 10 クォータがどうしても必要な小麦の量です．つまり，小麦に対する社会的需要量です．これを確保しなければ人々に飢餓がおそってくる．そういう状況を考えてください．では，この 10 クォータを確保するにはどういうことが必要でしょうか．それは，最劣等地の A でも生産が行われることです．そして B，C，D の土地では小麦の価格が

---

3) ここでは，A，B，C，D の土地で生産される小麦には，土地によって 1 クォータ当りに異なる労働投下がなされていることになります．そのため，最劣等地 (A) で生産される 1 クォータの小麦の価格が投下労働量で決まっているとするならば，優等地 (B，C，D) で生産される小麦の価格には，投下労働では説明することができない大きな価値が含まれていることになります．これは，通常，「虚偽の社会的価値」と言われている部分です．「虚偽の社会的価値」の源泉がどこにあるかをうまく説明することができなければ，労働価値説はここで行き詰まってしまうことになります．実際，この点は，論争のあるところです．「生産説」は，農業における「強められた労働」がこの価値の源泉であると考えます．つまり，農業の内部で生産された価値が「虚偽の社会的価値」の源泉であると考えるのです．他方の「流通説」は，農業以外の産業部門で生産された剰余価値の一部が流通を通じて農業に流れ込んできたものを，「虚偽の社会的価値」の源泉と考えます．

60 シリングより低くても生産は可能ですが，A では最低でも 60 シリング必要です．こうして，A の土地で生産がなされなければこの社会が必要とする 10 クォータを確保することはできないのですから，最劣等地である A の生産費を基準にして小麦の価格が決まるのです[4]．

ここには，農産物，とりわけ主食穀物の他の種類の生産物には見られない特殊な性格があります．リカードは，農産物を生産するための資本投下は，より優等な条件の土地から行われる，と考えます．しかし，優等な条件の土地から得られる農産物だけでは社会的な食料需要が満たされない時に，農産物を生産するための資本投下が，徐々に条件の悪い土地に向けてもなされていくようになる，と考えます．そうすると，ある時点の社会的な農産物の総需要を満たすうえで必要な，最も条件の悪い土地が常に存在することになります．それが最劣等地なのです．農産物，とりわけ主食穀物は，人間が生存してゆくうえで必要欠くべからざるものです．ですから，農産物価格は，このような最劣等地への資本投下を可能にするような水準でなければなりません．これが，農産物価格が，最劣等地における生産費を基準にして決まる理由です．

リカードの地代論で，もう 1 つ説明が必要なのは，優等地の農産物の販売総額と最劣等地の農産物の販売総額の差額が，どうして，地代として土地所有者の所得になるのか，ということです．これに関連して，先ほど，優等地

---

4) ここで，応用問題として，農産物の過剰がどうして起こるのか，という問題を考えてみましょう．今，この世界にとって必要な小麦の量は，10 クォータではなくて 9 クォータとします．そうすると，最劣等地は A ではなくて B ということになります．A の土地が耕作されなくても，この世界全体で 9 クォータの小麦が生産されるからです．その時の小麦の価格は，B における生産費を基準に決まりますから，1 クォータ当り 30 シリングになります．これは，A における生産費を基準に決まっていた価格と比べて，その半分です．ところが，今，何らかの理由，例えば，政権党が選挙の際に地主の支持をとりつけたいといった政治的理由によって，小麦価格が補助金を使って人為的に 1 クォータ当り 60 シリングに高められたとします．すると，その場合には，A における生産費も賄われるようになりますから，そこでも生産が行われるようになります．そうしますと，この世界における小麦の総生産量は 10 クォータになり，その結果，社会的な需要量と較べて 1 クォータだけ過剰になるわけです．

の農産物の販売総額と最劣等地の農産物の販売総額の差がなぜ生じてくるかというと，それは土地の豊度が違うからだ，と述べたことを思い出して下さい．つまり，販売総額の差は土地の優劣が原因なわけです．土地の優劣が原因だから，より良い土地を持っている土地の所有者は，自分が持っている土地を貸すに際してより多くの地代を要求することができる，こういうことなのです．

差額地代論のまとめ

リカードは，地代の形成メカニズムについて，『経済学および課税の原理』の中で，次のような総括的なことを述べております．今の地代に関する説明をまとめる意味で紹介します．

　「地代は，つねに，2つの等量の資本と労働の投下によって獲得される生産物の差額である」（108頁）

つまり，同じ面積の土地に同じ量の労働や資本を投入しても，結果として得られる農産物の量と，したがってその販売総額は土地によって異なる．地代とは，その差額なのだ，と言うのです．したがって，次のようなことになります．

　「同じ土地か，新しい土地に，順次投下される資本部分によって獲得される生産物の不等を減少させるものは，何であろうと，地代を低下させる傾向があること，そして，この不等を増大させるものは，何であろうと，必然的に逆の効果を生み，地代を上昇させる傾向があるということ，これである．」（122頁）

つまり，リカードによると，地代とは，異なった土地の間で見られる生産量＝生産額の差，最劣等地と優等地との間の生産額の差ですから，この差額

を減少させるものは地代の減少に結びつきます．反対に，最劣等地と優等地との間の生産額の差を増加させるものは全て地代の増加に結びつくわけです．

　これで差額地代の説明を終えます．なお，リカードの地代論は，その後，マルクスが批判的に継承していきます．批判的に継承したというのは，リカードがスミスの経済学体系に対して行ったのと同じように，マルクスは，リカード地代論の基本的な部分を引き継ぎながら，より首尾一貫させて精緻化し，さらには新しい内容を付け加えたということです．その過程で，マルクスは，リカード地代論を，**差額地代第 1 形態論**として相対化しながら自己の経済学体系の中に批判的に取り込み，さらに，独自に，**差額地代第 2 形態論**と**絶対地代論**を展開しています．最後の 2 つについては後に第 6 章で立ち返る機会があります．

　さて，次章は引き続きリカード経済学の世界です．ただし，話の次元が異なります．今までの話は，ある時点における，賃金，利潤，地代の関係の話でした．つまり，少し極端に言いますと時間がとまっている均衡状態にある世界の話です．これを表現するのに**静態的**という言葉を使いたいと思いますが，そういう状況下での，賃金，地代，利潤，これら 3 変量間の関係の話でした．しかし，次章で述べるのは，長い期間で見た話です．長い期間にわたる傾向で見て，3 変量間の関係がどのように歴史的に推移していくのか，そういう話です．リカードのこういった歴史的傾向に関する議論は，通常，**巨視的動態論**と呼ばれています．次章では，この世界をじっくりと堪能してみたいと思います．

参考文献

久留島陽三・保志恂・山田喜志夫（1984）『資本論体系 7：地代・収入』有斐閣．

マルクス，K.（1862-1863 執筆）『剰余価値学説史』国民文庫（岡崎次郎・時永淑訳）．

マルクス，K.（1867-1894）『資本論』新日本出版社（資本論翻訳委員会訳）．

リカードウ，D.（1817）『経済学および課税の原理』岩波文庫（羽鳥卓也・吉澤芳樹訳）．

補論 1　資本の流通式と価値増殖

　資本制的な経営について理解してもらうためには,『資本論』に依拠しな
がら資本の流通式を使って説明するのがよいと思いますので,ここでそれを
行います.資本の流通式は次のように示されます.

$$G — W \text{ (Pm, A)} ---- P ---- W' — G'$$

　この流通式の中で,実線は販売や購買などの流通過程を示しています.そ
れに対して点線は,流通過程が中断されて生産過程が行われていることを表
しています.

　見られるように,この式は G から出発しています.G はドイツ語の *Geld*
の頭文字で,貨幣を表しています.そしてこの式は G' で終わっています.
G' も貨幣なのですが,ダッシュがついているのは,出発点の G よりも価値
が増えていることを示しています.つまり,この式全体が意味していること
は価値の増加です.そして,この点が,これが資本の流通式たる所以なので
す.つまり,資本というのは,増加する価値のことで,この式はこのことを
表現しているのです.さらに,この式を資本の運動を表現しているものと捉
えると,G や G' は単なる貨幣以上のものとなります.つまり,それらは,
資本の 1 つの状態としての貨幣です.こういう意味で,これらは貨幣資本と
呼ばれます.資本の運動という文脈の中で,貨幣に特別な意味が与えられる
のです.では,どのようにして G は G' になるのでしょうか.つまり,どの
ようにして,最初に投下された貨幣の価値は増加するのでしょうか.

　最初に投下された G は,商品 W (*Waren*) を購入するために使われます.
この場合の商品も,資本の 1 つの状態としての商品という意味で,商品資本
と呼ばれます.G は同じ金額の W と交換されるものと想定されます.これ
を等価交換と言います.では,G による商品の購入は,何のために行われる

のでしょうか．それは，生産過程を準備するために行われるのです．そのため，Ｇは生産要素の購入に向けられます．生産要素にはさまざまなものがありますが，ここでは，それらを大きくは２つのものに分類しています．

１つは，生産手段です．この式の中では，それは，Pm（*Produktionsmittel*）で表現されています．生産手段は，生産活動で消費される原料や機械や道具や燃料などですが，それらは，さらに労働手段と労働対象に分かれます（補論４参照）．もう１つの生産要素は労働力です．この式の中では，それは，Ａ（*Arbeit*）で表現されています．どうして生産要素を大きく２つに分類するかはすぐ後で説明します．そして，こうして購入された２種類の生産要素は，生産過程で合体されます．

すなわち，労働者が生産手段を使って生産を行います．生産過程を，ここでは，Ｐ（*Produktion*）で表現しています．生産過程の結果は生産物です．この場合，生産物は，生産者が消費するためではなくて，販売することを目的に生産されます．このことを，生産物は「商品として生産される」と表現します．商品とは売るものだからです．つまり，生産過程の結果は商品なのです．また，これも資本の１つの状態としての商品ですから，その意味で，商品資本です．

ただし，ここの商品資本は，先ほどＷで表した商品資本とは２つの点で異なります．１つには，前述の商品資本は生産手段と労働力から成っていたのですが，今回の商品資本は，生産過程の結果としての生産物から成っているということです．そしてもう１つの違いは，価値の大きさです．新たな商品資本は，先ほどの商品資本よりも，価値が増加しているのです．こういったことを表現するために，新たな商品資本は，もともとの商品資本Ｗにダッシュを付け加えてＷ´と表現します．

では，どのようにしてＷはＷ´に価値が増えたのでしょうか．これが分かると，先ほどのＧがＧ´に増えた理由も分かります．ＧとＷは等価交換だと先に言いましたが，Ｗ´の販売によるＧ´への転化も等価交換なのです．ですから，価値の増加はＷとＷ´との間で起こったことになります．とこ

ろで，W と W´ の間には生産過程（P）があります．ですから，この価値の増加は，生産過程で行われていることになります．では，どのようにして，生産過程で価値は増えたのでしょうか．どのようにして G は G´ に増えたのかという問題をすでに立てましたが，この問題は，今や，どのようにして，生産過程で価値は増えたのか，というところまで煮詰められてきているわけです．

　ところで，労働価値説によりますと，商品価値を生み出すものは労働だったことを思い出して下さい．したがって，この場合，生産過程における価値の増加も，労働の結果としてもたらされたと考える必要があります．生産要素の 1 つとして資本制的な経営によって購入された労働力が，労働を行って価値を生み出しているのです．ここで，労働と労働力という 2 つの用語が使い分けられていることに注意してください．生産要素として購入されたのは，労働を行う潜在的な能力です．その意味でこれを労働力と呼んでいます．それに対して，労働は，労働の潜在的な能力が実際に使われた結果として行われるものです．労働する潜在的な能力である労働力と，その潜在的な能力の発揮である労働とは異なるものなのです．

　どうしてこういう細かいことにこだわるのかと言いますと，労働力を購入する場合に必要な価値（金額）と，労働が生み出す価値（金額）とは異なる大きさでありうるからです．労働力の価値，それが労働者に支払われたものが賃金なのですが，その賃金は，第 2 章で説明しましたように，労働者の生活費で決まります．しかし，労働者が行う，労働が生み出す価値はこれよりも大きくなることができます．というよりも，「労働力の価値＜労働が生み出す価値」という関係が成立していなければ，資本家・経営者には労働力を購入する動機が生じてきません．彼らにとっては，自分の給料分しか稼がない労働者を雇う意味はないはずです．

　こうして，自ら価値を生み出す生産要素である労働力を使うことによって，それを購入した価値よりも大きな価値を作り出すわけですが，こういうことを通じて，生産過程における資本価値の増加がなされるのです．労働力を購

入する際に賃金として支払われた費用を超えて，労働によって生み出される価値のことを，剰余価値 m（*Mehrwert*）と呼んでいます．

　つまり，資本価値の増加は，労働力に投じた資本価値が変化して増加することにかかっているのです．このように，変化する価値，という意味で，労働力の購入に投じられる資本価値の部分のことを可変資本と呼んでいます．それに対して，生産手段に投じられる資本価値は変化しないで，新たに生産される商品に再現するだけです．そのため，これは不変資本と呼ばれています．これで，先ほど，生産要素を Pm と A とに，大きく 2 つに分けた理由をご理解いただけたかと思います．この分類は，不変資本と可変資本の区別に対応していたのです．

第3章
リカード巨視的動態論

巨視的動態論の3つの命題

前章に引き続き本章もリカード経済学の世界です．ただし，話の次元が異なります．前章では，ある時点における，賃金，利潤，地代の関係の話でした．つまり，極端に言いますと，均衡状態で時間がとまっている世界の話でした．そういうのを静態論といいます．しかし，これから述べるのは，長い期間で見た話です．長い期間にわたる傾向で見て，賃金，地代，利潤，これら3変量間の関係がどのように歴史的に推移してゆくのか，そういう話です．こういった，デビッド・リカードによる3変量間の関係の歴史的傾向に関する議論は，巨視的動態論と呼ばれています．

リカードの巨視的動態論を，あらかじめ結論的に述べますと，次の3つの命題に要約されます．

1つは，時代とともに，農産物価格が上がっていくということです．これは，直接には賃金，地代，利潤の話ではありませんが，しかし，これら3変量の動きを，大本のところで規定していることなので，最初に紹介します．

2つ目の長い期間にわたる傾向は，時代とともに，一国の地代総額と労働者が受け取る賃金も上昇していくということです．

そして最後の3つ目の長い期間にわたる傾向は，時代とともに，投下資本当りの利潤の量，これを利潤率と言いますが，それが低下していくということです．つまり，地代総額と賃金が上昇するのとは反対に，利潤率は低下す

るのです．

　リカードの巨視的動態論を，今は結論だけ述べましたが，これからその内容を吟味してみたいと思います．

耕境の拡大と農産物価格の上昇

　まず，リカードは，時代とともに農産物価格が上がっていく，と言っています．それはどうしてでしょうか．このことを考えるにあたって，ここで，前章のリカードの農産物価格論を思い出していただきたいのです．リカードによりますと，農産物価格は，農産物に対する社会的な需要を満たすうえで必要な，最も高い生産費，つまり最劣等地であるＡの生産費に，そこにさらに社会的平均的な利潤をプラスした水準に決まる，ということでした．

　では，このようにして決まる農産物価格が，どうして長い期間にわたる歴史的傾向として上昇していくのでしょうか．ここで，リカードは，**人口の増加**という要因を考えます．歴史的に見て社会の人口は増加していく，というのです．これは地球上の人口が今日どんどん増えていることを考えると一般的には納得できる前提だと思います．では，人口の増加は農産物価格にどのような影響を及ぼすのでしょうか．

　人口増加の１つのはっきりした結果は，社会の中でより多くの食料が必要になる，ということです．そして，より多くの食料が必要になる，ということは，当然に，より多くの農産物が社会の中で生産されなくてはならない，ということです．つまり，人口の増加は，農産物を増産する必要をもたらします．では，農産物が増産される，ということは，リカード地代論の世界ではどのように表現されるのでしょうか．リカードは，農産物が増産されるということは，今まで耕作されなかったような，条件の悪い，すなわち農産物の生産にあまり適していなかった土地が，新たに耕作されるようになることだ，と考えました．今まで耕作されていなかった条件の悪い土地が，社会の中での食料需要の高まりに応える形で，新たに耕作されるようになる，こういうことを**耕境の拡大**と呼んでいます．

第3-1表　耕境の拡大

土地種類	生産物		資本投下	地代
	クォータ	シリング		
A′	0.5	60	50	0
A	1	120	50	60
B	2	240	50	180
C	3	360	50	300
D	4	480	50	420
計	10.5	1,260		960

　今述べたことを，表を使いながら説明します．第2-1表の例では，最も条件の悪い土地，つまり最劣等地はAでした．が，リカードによりますと，農産物が増産されるということは，今まで耕作されていなかったAよりも条件の悪い土地，例えば第3-1表の中のA′という土地が，新たに耕作されることなのです．

　A′の土地はAよりも条件の悪い土地です．なぜならば，Aの土地では1クォータが生産されていたのに，A′では同じ面積で，しかも同じ資本投下量で，0.5クォータ，つまりAの土地の半分量の小麦しか生産されないからです．そして，こうしてA′の土地が耕作されるようになると，確かに，農産物を生産する土地面積は，社会全体で見ると増えています．さらに，土地面積が増えるとともに，社会全体で生産される農産物の量も増えています．Aの土地までしか耕作されていなかった時には，社会全体で生産される小麦の量は10クォータでした．しかし，A′の土地が耕作されるようになった第3-1表では，社会全体で生産される小麦の量は10.5クォータになっています．このように，今まで耕作されていなかった条件の悪い土地，今の例ではA′ですが，このA′が社会的な食料需要の高まりに応える形で新たに耕作されるようになっています．これが先ほど述べた耕境の拡大なのです．

　しかし，耕境の拡大の結果は，生産される農産物の量が増える，ということだけではありません．その他にもいくつかのことが結果として生じています．

2つには，最劣等地が移動している，ということです．耕境が拡大する前の最劣等地は，最初の例ではＡでした．それが，今や，Ａ′に移動しています．

そうすると，第3に，農産物価格が上昇します．前章で述べたように，最劣等地というのは，農産物価格を決定する土地です．ですから，最劣等地がＡからＡ′に移動すると，農産物価格を決定する土地も，ＡからＡ′に移動するのです．今，第3-1表のように，Ａ′の土地では，50シリングの資本投下に対して0.5クォータの小麦しか生産できないとします．Ａでは同じ額の資本投下で，1クォータの小麦が生産できますが，Ａ′の土地はＡよりも条件の悪い土地なので，同じ面積でＡの半分の0.5クォータしか生産できないのです．そして，こうしたＡ′の土地で生産される小麦の生産費プラス利潤は，0.5クォータ当りで，50プラス10で60シリングになります．この金額が，今新たに，この社会全体の小麦の価格を決定するわけですから，小麦の価格も，0.5クォータ当りで60シリングになるわけです．1クォータ当たりで見ると120シリングです．Ａの土地が最劣等地であった時には，小麦の価格は1クォータ当り60シリングでした．ですから，最劣等地がＡからＡ′に移動することによって，小麦の価格は2倍に上昇したわけです．

最劣等地の移動にともなう社会全体の地代の増加

そして，最劣等地がＡ′に移動することによって起こる第4の変化は，今の農産物価格の動向とも関連しますが，社会全体の地代が増加するということです．

社会全体の地代が増加することは，第3-1表を第2-1表と比較すると分かります．しかし，説明の順番として，まず，社会全体で生産される農産物の総価格を見ると，最劣等地がＡからＡ′に移動すると，社会全体で生産される農産物の総価格は，第2-1表の600シリングから第3-1表では1,260シリングになり，大幅に増加していることがわかります．2倍以上になって，660シリングも増加しています．これは，1つには，農産物の単価が，今述

べたように 1 クォータ当たりで 60 シリングから 120 シリングに 2 倍に上昇しているからです．そして，もう 1 つは，社会全体で生産される農産物の総量も，10 クォータから 10.5 クォータに増加しているからです．そして，ここからが大事なことなのですが，この増加した総農産物価格の，大部分が，地代になってしまっているのです．つまり，土地所有者の懐に入ってしまうわけです．社会全体の地代の額は，A が最劣等地であった時の 360 シリングから 960 シリングになり，600 シリング増加しています．総農産物価格の増加が 660 シリングであったわけですから，そのうち 600 シリング，つまり 9 割程度が地代になっているわけです．なお，残りの 1 割は何かと言いますと，新たな最劣等地である A′ の土地の生産額です．

　前章で，リカードの文章を引用しながら，「土地で得られる生産物の不等を増大させるものは，すべて，必然的に地代を高める傾向をもつ」と述べましたが，今の 2 つの表の比較から見たことは，まさにこのことです．つまり，最劣等地と優等地の格差が拡大して地代が増えているのです．

最劣等地の移動にともなう賃金の上昇と利潤率の低下

　最劣等地が A′ に移動することによって起こる第 5 の変化は，この移動によって農産物価格が上昇するので，労働者の生活費も上昇せざるをえないということです．したがって賃金が上昇する，ということです．なお，賃金が上昇することは，第 3-1 表から第 3-2 表にかけて，投下資本が，賃金が上がった分だけ増加する，という形で表しています．つまり，投下資本が第 3-1 表の 50 シリングから第 3-2 表の 53 シリングに増加したのは，今の場合，賃金が上がったからです．例えば，第 3-1 表の 50 シリングのうち 7 シリングが賃金であったが，農産物価格が倍になったので，それにともない賃金も 10 シリングに上昇せざるをえなくなった．第 3-2 表はそういう状況を示していると考えてください．当時のイギリスの労働者の生活費の中では，食料費が大きなウエイトを占めていました．生活費の中で食料費が占める比重を示すエンゲル係数が高かったのです．主食となる農産物の価格が上昇す

第 3-2 表　賃金の上昇

土地種類	生産物		資本投下	地代
	クォータ	シリング		
A′	0.5	60	53	0
A	1	120	53	60
B	2	240	53	180
C	3	360	53	300
D	4	480	53	420
計	10.5	1,260		960

ると，賃金が上昇せざるをえなかったわけです．つまり，縮めて言うと，最劣等地がA′に移動すると，賃金が上昇するのです．

　最劣等地がA′に移動することによって起こる第6の変化は，こうやって農産物価格が上昇する結果として賃金や地代総額が上昇すると，最後は利潤が減少する，ということです．第3-1表では50シリングの資本投下に対する平均利潤は10シリングありましたが，第3-2表では，賃金が上がって投下資本額が53シリングに増えたのに，この額の資本投下に対する利潤は7シリングに減っています．投下資本に対する利潤の率のことを**利潤率**と言いますが，利潤率は20％から13％に下がっています．ここで強く効いているのは，前章で述べました，リカードの利潤の決まり方についての命題です．つまり，利潤の大きさというものは，賃金と地代が決まった後の残りとして，他律的・消極的に決まる，という事情です．賃金は，労働者の生存の糧ですので，農産物価格が上がったら，賃金も上昇せざるをえない．また，地代も，生物としての人間存在にとって最も重要な生産物である農産物を生産する場である土地を提供する代価ですから，これも上昇する．したがって，賃金や地代が上昇する結果として，利潤が減少する，というわけです．

　以上で，リカードの巨視的動態論をほぼ説明し終えました．しかし，少し話がこみいってきましたので，繰り返しになりますが，話を整理したいと思います．

　まず，リカードの巨視的動態論とは，1つは，時代とともに農産物価格が

上がっていく，ということです．2つ目は，時代とともに，一国の地代総額
と賃金が上昇していく，ということです．そして3つ目は，時代とともに，
投下資本当りの利潤，すなわち利潤率が低下していく，ということです．こ
れら3つの命題に要約されるのが，リカードの巨視的動態論です．

巨視的動態論の世界における受益者と投資意欲の低下

　ここで，リカードの巨視的動態論の世界では誰が利益を得るようになるか，
という問題を考えてみましょう．それは労働者でしょうか．確かに賃金も上
昇しています．しかし，賃金が上昇する大本にあるのは，農産物価格の上昇
でした．食料である農産物の価格が上昇したから，賃金もそれにつれて上昇
せざるをえなかったのです．労働者は賃金が上昇したからといって，それと
ともに生活水準が向上したわけではありません．上昇した賃金で，今や値段
が上がってしまった農産物を，おそらくはせいぜい以前と同じ分量だけ買え
ているだけです．では，農産物価格が上昇した結果，そのおいしい果実は，
一体誰のものになるのでしょうか．それは，先ほど見たように，そのほとん
ど全てが，地代として，土地所有者の懐に入ったのです．ですから，巨視的
動態論の世界では，社会発展の受益者は，もっぱら土地所有者なのです．

　そして，こういったリカードの巨視的動態論の世界では，人類の未来は，
きわめて悲観的なものとして描かれざるをえません．なぜならば，利潤率の
低下と事業活動の停滞を予見しているからです．リカードは，ついには，利
潤率は，ほとんどゼロにまで低下すると極論しています．そして，このよう
な利潤率の低下は，人々が事業に投資しようという意欲を削ぎます．儲けが
ないのに投資をする人はいません．さらに，投資意欲の低下は社会の停滞を
招く，リカードはそう考えました．つまり，リカードの巨視的動態論が描い
た世界というのは，土地所有者が時代とともにますます肥え太っていく一方
で，事業への投資が滞って停滞色を強めてゆく社会なのです．

　そして，こういった認識のもとに，リカードは，政策的には農産物に対す
る関税を無くして，農産物価格を引き下げる，すなわち自由貿易主義を主張

するわけです．リカードの自由貿易主義の主張は，商工業経営者の階級的利益と一致していたために，商工業都市マンチェスターを拠点に展開したマンチェスター学派と呼ばれる社会運動の基礎ともなりました．そして，自由貿易主義の主張は，高い農産物価格からこの当時利益を得ていた，土地所有者の階級的利益とぶつかったのです．

巨視的動態論の 3 つの前提条件

　さて，前章で述べたリカードの静態均衡論の世界もそうだったのですが，本章で述べた巨視的動態論の世界も，わりと明快なものだと思います．ただし，巨視的動態論には前提条件があります．この理論をいっそうよく理解してもらうために，最後に，この理論の前提条件を 3 つ述べます．

　リカード巨視的動態論の第 1 の前提条件は，前章で述べた静態的な差額地代論の前提条件と同じものです．つまり，社会が，3 大階級，すなわち，資本家，労働者，地主＝土地所有者から成っていて，農業生産も，この 3 大階級がそれぞれの役割を担うことによって営まれている，ということです．こういったリカード理論の前提条件を，**生産関係条件**と呼ぶことにしましょう．生産関係とは生産過程において人と人が結ぶ関係のことです．ここでは 3 つの階級に分類される人々が，農業生産においてそれぞれの役割を担いながらお互いに関係し合っているのです．生産関係条件についてはすでに前章で述べています．ただ，ここで改めて述べておきたいことは，生産関係条件は，19 世紀前半のイギリスでは現実にマッチしていたが，しかし，それ以外の世界では，この条件は，実は当てはまらない場合が多い，ということです．

　つまり，農業が 3 大階級によって行われる，という認識は，多くの国で農業が家族経営で営まれる状況にそぐわないのです．例えば，家族経営の農民の典型である自作農を見ますと，彼らは自ら土地を持ち，自ら労働し，そして自ら資本を投下します．つまり，自作農とは，同時に土地所有者であり，労働者であり，資本家なのです．これら 3 つの立場を一身に兼ね備えた存在，それが自作農です．また，小作農の場合は，土地は土地所有者から借り受け

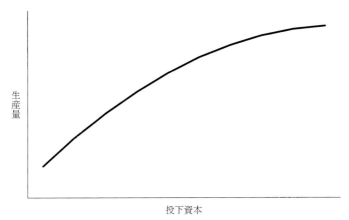

第3-1図　収穫逓減条件

ますが，自ら労働し，自ら資本を投下する，という点ではリカードの想定と異なります．さらに分益小作農というものがありますが，この場合は，土地は土地所有者から借りて，さらに投下する資本の一部，場合によってはかなりの部分を土地所有者から出資してもらいますが，自ら労働し，資本の一部も自分で出します．ですから，リカード理論を使いながら，家族経営が広範に存在している多くの現実世界のことを分析しようとする場合には，こういった農業生産の担い手の多様性を，しっかりと頭に置かなければなりません．

　巨視的動態論の前提条件として次に紹介したいのは，**収穫逓減条件**です．収穫逓減条件というのは，第3-1表の例で言いますと，A′の土地への資本投下は，Aの土地への同じ額の資本投下よりも少ない結果，例えば半分量の農産物をもたらすにすぎない，ということです．もう少し一般的な言い方をしますと，新しい同一量の資本の投下が，以前よりも少ない結果をもたらすにすぎない．これが収穫逓減条件です．第3-1図の上に凸の曲線はこのことを図にしたものです．収穫逓減条件を少し専門的に表現しますと，農業への新たな資本投下が，**限界生産性**の低下をともなう形で行われる，となります．限界生産性という言葉の意味は補論2のところを見て下さい．こうした収穫逓減条件が，巨視的動態論の中で重要な意味を持っていることは，容易

にご理解いただけるかと思います．というのも，農産物価格の上昇は，この収穫逓減条件から直接に導き出されているからです．

しかし収穫逓減条件については，リカードの学問的継承者であるカール・マルクスが批判的なことを述べています．マルクスは，人類の生産性向上にむけた努力と取り組みを重視し，技術開発の結果として，新しい資本の投下によってもより高い収量をあげることができる可能性があることを指摘しています．

巨視的動態論の前提条件として最後に紹介したいのは，**飢餓的賃金条件**とでも言うべきものです．つまり，リカード理論には，労働者が受けとる賃金の水準は，最低限の，かろうじて飢えをしのぐ程度にすぎない，という前提があります．ここから，賃金の下方硬直性の観念，つまり，賃金というのは，引き下げるのは困難である，という観念が出てきます．また，生活費に占める食料費の比率が大きいので，農産物価格の上昇は賃金の上昇に直結する，という考え方が生まれてきます．こういった，飢餓的賃金条件も，先ほどの生産関係条件と同様に，リカードが生きた19世紀前半のイギリスの状況を強く反映したものです．つまり，19世紀前半のイギリスの労働者の賃金はきわめて低く，かつかつの，日々生きていくのがやっとの水準であったのです．そして，こういった労働者の状況は，今日の先進国の労働者の状況とはやや異なるものです．また，すでにマルクスは，賃金水準の決定には歴史的・文化的要素が含まれるとして，飢餓的賃金とは異なる考え方を示しています．

以上では，リカード巨視的動態論の3つの前提条件について述べました．そして，この3つの条件のうち，生産関係条件と飢餓的賃金条件の2つは，少なくとも今日の先進国には当てはまらないものでした．そして残りの収穫逓減条件も，議論の余地があるものでした．つまり，巨視的動態論とは，今日の状況とは異なる状況を前提としながら組み立てられた理論であると言うことができるわけです．

では，今日，巨視的動態論を学ぶ意味はないのでしょうか．そこで今日の

世界を見渡してみますと，人口増加を背景に食料需要の高まりが見られます．そして農産物市場への投機マネーの流入もあって食料価格の上昇が見られます．さらに，農地開発にともなう森林の減少が見られますが，この過程で儲けているのは土地所有者と結びついた開発業者達です．加えて，企業の生産活動にともなう利潤率が低下してきており，そのことが投機の横行の背景にあるとも言われています．

　こういったさまざまな状況は，実は巨視的動態論が予見したことでもあります．このような状況を見ますと，今述べた巨視的動態論の前提条件や，そしてその前提に由来する限界を踏まえながらも，この理論を学んで現実の問題を考える羅針盤にしていく，こういうことが必要ではないかと思うのです．

参考文献

エンゲルス，F.（1845）『イギリスにおける労働者階級の状態』大月文庫（全集刊行委員会訳）．

マルサス，R.（1798）『人口論』光文社古典新訳文庫（斉藤悦則訳）．

補論 2　収穫逓減条件と限界生産性

　ここでは，収穫逓減条件と限界生産性という 2 つの概念について説明します．

収穫逓減条件

　第補 2-1 表は，労働投下量と生産量の関係を示したものです．表中で単価は一定としていますから，生産量の変化は生産額の変化を示しています．第補 2-1 図はこの表を図にしたものです．なお，表と図を作るために使った数値は筆者が任意に作ったもので，実際の観察によるデータではありません．数値の作り方は，第 3 章で述べた，収穫逓減条件にしたがっています．どのあたりに収穫逓減条件が表れているかはすぐに述べます．

　第補 2-1 図の凸曲線の形は第 3-1 図のものと同じものです．ただし，2 つの図の間にはいくつか違うところがあります．主な違いは，第 3-1 図は，社会全体の農業資本投下量と生産量の関係でしたが，第補 2-1 図は 1 つの事業体における労働投下量と生産量の関係です．つまり，1 つには，社会全体ではなくて 1 事業体だということ．そして 2 つ目は，資本投下量全体ではなくて，投下する資本の一部である労働投下量と生産量の関係を見ているということです．こういった 2 つの点が第補 2-1 図と第 3-1 図との大きな違いです．このように，収穫逓減条件にはいろいろな変形があることを理解してください．

　こういう一見曖昧な説明の仕方をすると，一体，これは何のことを言っているのか分からない，と思われる方がいらっしゃるかもしれません．そこで，まず述べなくてはならないのは，これは**経験則**だということです．つまり，投入と産出の関係についてこういうことが認められる傾向があるということが，経験から帰納される，ということです．ではなぜ，こういうことが認められる傾向があるのかというと，労働を増やすにしても，資本を増やすにし

第補2-1表　労働の限界生産性

労働投下（人） （L）	生産量（t） （Y）	平均労働生産性 （Y/L）	限界労働生産性 （⊿Y/⊿L）
1	10	10.0	10
2	19	9.5	9
3	27	9.0	8
4	34	8.5	7
5	40	8.0	6
6	45	7.5	5
7	49	7.0	4
8	52	6.5	3
9	54	6.0	2
10	55	5.5	1

注）　数値は収穫逓減条件にしたがって作ってある.

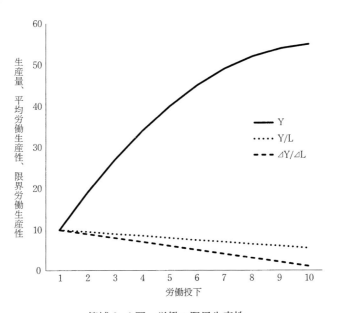

第補2-1図　労働の限界生産性

ても，今の場合は土地が有限だからです．一般に，ある生産要素の有限性を前提にしながら他の生産要素をいくら増やしても，生産量の増加は限られているのです．

なお，リカードの巨視的動態論の世界では，資本の増加にともなって耕境の拡大という形で土地の面積も増えていきました．ですから，一見すると土地の面積は有限ではないように見えます．しかし，この場合も，耕境の拡大は，豊度の劣る土地が新たに耕作される形で進んでいったわけです．つまり，この場合に有限なのは，土地そのものではなく，豊かな土地です．収穫逓減条件の下で生産者がどのように生産量を決めるかは，第7章で説明します．

限界生産性

次に，第補2-1表の1番左の列を見て下さい．ここには，生産物の生産のために投下された労働の量（労働投下量：L）を示しています．労働投下量の単位は時間であっても人数（ただし同一労働時間）であってもかまいませんが，ここでは人数にしておきましょう．労働投下量は，表中では上から下へいくにしたがって増えています．そして，労働投下量が増えるにしたがって，左から2列目の，生産量（Y）も増えています．ただし，生産量は労働投下量に比例して増えているわけではありません．つまり，例えば，労働投下量が1人から2人に2倍になっても，生産量は10tから19tになるだけで，1.9倍にしかなっていません．しかも，労働投下量の増加にともなって，生産量が増える程度はどんどん落ちていきます．

このことは，表のどこを見ると一番分かりやすいかと言いますと，1番右の列の，$\Delta Y / \Delta L$，つまり，労働投下量の増加に対する生産量の増加の割合です．この割合が，労働投下量が増えるにしたがって，つまり，表の中で上から下に進むにしたがって，だんだんと低くなっています．ここに，収穫逓減条件が示されているわけです．

「逓」という字は「だんだん」，「しだいに」という意味ですね．ですから，収穫逓減というのは文字どおりに解釈すると収穫がだんだんに減っていくと

いうことなのですが，実際には収穫量そのものが減っていくわけではありません．だんだん減るのは収穫量そのものではなくて，収穫量が増加する割合です．そして，今述べた⊿Y／⊿L，これがすなわち労働の限界生産性です．英語で言いますと，Marginal labour productivity です．ですから，収穫逓減条件というのは，今の場合，「労働投下量の増加にともなって限界生産性が下がる状態」と定義できるわけです．

　第3章の本文では資本投下量の増加にともなって収穫量が増加する程度がだんだん減っていくことを述べましたが，ここでは投下量が増加するものを労働に絞りこんで説明していることに注意してください．なお，労働投下量の増加にともなって限界生産性が下がっていくと，当然ですが，3列目のY/L，すなわち，労働の平均生産性も下がっていきます．

　ところで，以前に説明した生産力と，ここで出てきている労働生産性は，言葉を使い分けています．生産力は投下労働量当りの物的生産量ですが，労働生産性は投下労働量当りの生産額です．生産物の種類とその価格が一定であれば，生産力と労働生産性とを分けて考える必要は，今の場合のように事実上ありません．しかし，生産力は生産するものが異なると比較することはできませんが，生産性は生産される金額で測りますから生産されるものが異なっても比較することが可能です．また，農業では，使用する土地面積当りの生産額という意味で，土地生産性という指標を使うこともあります．以上で，収穫逓減条件と限界生産性の説明を終わります．

補論3　価値法則の修正と貿易論

比較生産費論

農業経済学の前段のお話として，より一般的な，経済学の流れを勉強しているわけですが，ここまでは，アダム・スミスからデビッド・リカードまで話を進めてきています．時代で言いますと，18世紀の終わりから始めて，19世紀の初め頃まできたわけです．スミスの経済学，そしてリカードの経済学，両者がともに立脚していたのは，今まででも述べてきましたように，労働価値説です．労働価値説とは，商品の価値の大きさを決めるのは，その商品を生産するのに社会的に必要な労働投下量，すなわち労働時間である，という学説です．これを価値法則とも言います．労働の量を労働時間で計っているわけです．この労働価値説に基づく経済学を，体系的に始めたのはスミスでしたが，それを発展させたのはリカードです．そして，労働価値説に基づく経済学は，カール・マルクスで一応完成しました．

なお，労働価値説の説明をこの講義で何回かやっていますと，商品の価値の大きさを決めるのはその商品を生産するのに必要な労働投下量だという命題は，実際の価格の説明にも使えるのか，という疑問を投げかけてくる方がいます．もっともな疑問だと思います．実は，こうした労働価値説の命題は，1つのものの見方でして，実際にそれを現実の価格現象にあてはめようとする場合には，そこに多くの**中間項**が必要になります．

そこで，ここでその中間項の一例をお話しします．例えば，リカードの理論には，今まで述べてきた差額地代論や巨視的動態論の他に，比較生産費論という有名な理論があります．比較生産費論というのは外国貿易に関する理論です．実は，リカードの比較生産費論は，外国貿易に関して今日現存している，ほとんど唯一の基礎理論と言ってもよいほどの影響力を持っています．確かに，外国貿易に関する理論は，リカードの後にもいろいろと出てきています．しかし，その多くが，リカードの比較生産費論をもとにしているので

第補 3-1 表　比較生産費論

生産物	先進国（A 国）	途上国（B 国）
1 単位の農産物	2 時間分の労働	4 時間分の労働
1 単位の工業製品	1 時間分の労働	3 時間分の労働

注）　生産のための所要労働量．

す．

　そこで，比較生産費論について説明します．第補 3-1 表を見て下さい．ここでは，A 国と B 国の 2 つの国が想定されています．A 国は産業が高度に発達した先進国ですが，B 国は途上国です．そして，A 国と B 国のそれぞれで，農産物と工業製品が作られています．農産物と工業製品の品目は何でもいいですが，例えば小麦と洋服とでもしておきましょうか．さて，先進国である A 国では，生産力が一般的に高いので，農産物も工業製品も，1 単位生産するのに，途上国である B 国と較べて，少ない労働時間しか必要としません．農産物 1 単位を生産するのに，A 国では 2 時間の労働で足りるのに，B 国では 4 時間もかかっています．工業製品でも同じ 1 単位を生産するために，B 国では A 国の 3 倍の時間がかかっています．つまり，先進国では，農業であれ工業であれ，全ての産業の生産力が途上国の生産力を上回っているわけです．そこで，ここに労働価値説（価値法則）を単純に適用するとどういうことになるでしょうか．A 国では，農産物も工業製品も，B 国と較べて価値が低い，つまり安いはずです．なぜならば，A 国では，農産物も工業製品も，1 単位を生産するのに，B 国と較べて少ない労働投下量しか必要としないからです．そうすると，国際競争力はどういうことになるでしょうか．A 国の国際競争力は，農産物でも工業製品でも，価値が低い，つまり安いので，B 国の国際競争力を上回っているはずです．

　しかし，比較生産費論の考え方ではそういうことにはならないのです．比較生産費論が問題にするのは，今見たような生産力の絶対的な優劣ではありません．比較生産費論が問題にするのは，相対的な優劣です．このことをもう少し詳しく説明します．農産物の生産では，A 国が B 国の生産力を上回

る度合い・程度は2倍です．しかし，工業製品の生産では，A国がB国の生産力を上回る度合い・程度は3倍です．この場合，比較生産費論では，A国は，工業製品の生産で相対的な優位性を持っている，と考えます．相対的な優位性を持っている，というのはちょっと分かりにくい表現ですが，かみくだいて言いますと，A国は農産物よりも工業製品の方がより得意だ，ということです．そして，B国は，農業生産で，相対的な優位性を持っているのです．生産力の絶対比較だと，農産物も工業製品もA国の方が有利なのですけれども，相対的な優位性では，それぞれの国はどちらの方がより得意なのか，ということを問題にしているのです．

　そして，ここが肝心なのですけれども，比較生産費論では，相対的な優位性を持っている，ということは国際競争で優位に立っていることだ，と考えます．ですから，関税が撤廃されて，自由貿易になれば，A国は工業製品の生産に特化・専門化するようになります．なぜならば，A国は，工業製品で相対的な優位性を持っていて，そのためにそこで国際競争上の優位に立っているからです．そして，B国は，相対的な優位性を持っている農産物の生産に特化・専門化するようになります．比較生産費論では，このように考えるのです．

価値法則の修正

　しかし，皆さんはすでにお気づきのことと思いますが，こうやって比較生産費論が描き出す世界は，困ったことに，先ほど価値法則の単純適用として申し上げたこととは，大きく違っています．価値法則の単純適用の世界は，農産物も工業製品も，全ての生産部門で安く生産物を提供できるA国が有利で，A国が1人勝ちしてしまう世界であったからです．では，なぜ，絶対的な生産力では劣っている途上国であるB国の農産物が，国際競争力を持つのでしょうか．ここには，実は，価値法則の修正，より具体的に言うならば**価値法則が国際的に適用される際の修正**，という問題があります．では，どうやって価値法則が修正されて，その結果どうやって比較生産費論の世界

が価値法則と矛盾なく説明されるのでしょうか．これは，実は，貿易論という分野の問題であります．このことを説明し始めますと，おそらく 3，4 回分の講義が必要ではないかと思います．この講義は貿易論ではなくて農業経済学ですので，ここでこれを詳しく扱うことはしません．そのかわりに，ここではごくかいつまんで説明したいと思います．

　国際貿易では，不等労働量交換が行われるのです．ですから，例えば，先進国である A 国の 1 時間の労働が，途上国である B 国の労働 2.5 時間分に相当する，ということになるのです．そうしますと，B 国の農産物 1 単位は 4 時間労働の生産物で，A 国の 2 時間よりも多いのですが，A 国の労働に換算するには 4 を 2.5 で割ります．そうしますと，それは 1.6 時間の労働の生産物になり，A 国よりも少ない労働の生産物ということになります．ちなみに，B 国の工業製品は 3 時間労働の生産物ですが，A 国の労働に換算するために 3 を 2.5 で割ると，1.2 時間の労働の生産物ということになります．こちらの方は，依然として A 国の 1 時間よりも多い労働の生産物になります．そこで，ここでさらに問題になるのは，国際貿易では不等労働量交換が行われて，先進国である A 国の 1 時間の労働が途上国たる B 国の労働 2.5 時間分に相当する，というようなことがなぜ起こるのか，なのですが，これが先ほど言葉だけ出てきました価値法則が国際的に適用される際の修正ということでして，関心のある方は，差し当たり第 4 章の参考文献に挙げてある世界経済論に関する文献を読んでみて下さい．そこでは，世界市場に存在する労働力移動の政治的制限が，価値法則のこのような修正をもたらすとしています．

　比較生産費論について最後に 1 つだけ触れておきますと，それは，比較生産費論によると，日本を含む先進国の農業は，自由貿易のもとで国際競争をすると，途上国の農業に価格の面で勝つことは非常に難しくなるということです．なぜならば，比較生産費論によると，農業の国際競争力は農業の絶対的な生産力で決まるのではないからです．いくら先進国の農業の生産力が途上国の農業の生産力を上回っていても，その上回る程度が，先進国の工業の

生産力が途上国の工業の生産力を上回る程度に及ばなければ，先進国の農業は比較劣位となって価格の面で国際競争力を持たないのです．

　ただし，この結論は，今日，現実には北米やヨーロッパの先進国が農産物輸出地域であるのに対して，アフリカなどの途上国に農産物輸入国が多い現実と矛盾しているように見えます．この背景にある事情は，途上国の中に国内の農業生産がまだ自国民を充分に食べさせるまでに発展しない国々があることや，北米やオーストラリアなどの新開地の先進国では広大な土地の上で非常に生産力の高い大規模経営による農業が行われていること，さらには，先進国の中には農産物輸出に補助金を出している場合がある，といったことです．

　ところで，世間では，日本農業の国際競争力を高めるために農業生産力を高めるべきである，という議論がなされているのをよく耳にします．当然皆さんもこういう話を聞いたことはあると思います．しかし，こういう議論は，途上国で生産される農産物との間で見た場合には，比較生産費論をふまえると非常に非現実的な議論である，ということはご理解いただけると思います．また，先進国との間でも，新開地や，農産物に輸出補助金を出している国々との競争は容易なことではありません．

第4章
資本制社会の歴史性

マルクスと『資本論』

この章ではカール・マルクスについて述べます．マルクスがリカードとスミスの学問体系を引き継いだ時期は，19世紀中頃です．マルクスはいろいろな面を持った人物です．ヨセフ・アロイス・シュンペーターという経済学者が書いた有名な本に，『資本主義・社会主義・民主主義』という邦訳タイトルがついたものがあります．1942年に初版が出版された本です．この本の中で，シュンペーターは，マルクスを評して，予言者であると同時に社会学者であり，さらには，経済学者や教師でもある人物として描いています．

マルクスは，こういったさまざまな面を持った人物ですが，経済学者としてのマルクスの学問的功績は，なんと言っても『資本論』という古典的文献を書いたことです．『資本論』は全部で3つの巻からなる本ですが，マルクスが生きている間には第1巻しか出版されませんでした．1867年のことです．第2巻と第3巻はマルクスが死んだ後で，マルクスの友人であるフリードリッヒ・エンゲルスの手で出版されました．エンゲルスは，マルクスが残した悪筆で有名な草稿をもとに，それを苦心して編集しながら，なんとか『資本論』の第2巻と第3巻の出版に漕ぎ着けました．マルクスが亡くなったのは1883年で，最後の第3巻が出版されたのは1894年です．第3巻の出版をやり遂げたエンゲルスは，その翌年にこの世を去っています．

『資本論』は，あまりに有名な本なので，おそらくは多くの方がこの本の

名前を知っているのではないでしょうか．しかし，その一方で，『資本論』は多少とっつきにくい本なので，あまり読んだ人がいない，そういう本なのではないかと思います．しかし，『資本論』は大学生の必読文献の１つだと思います．社会科学の論文や本には，『資本論』の記述をふまえたものが無数にあります．ですから，皆さんもぜひ，この本に学生時代にチャレンジしてみて下さい．

『資本論』の中で，マルクスは，リカードの経済理論をさらに精密なものにしました．しかし，ここでは，マルクスが行った**コペルニクス的転回**について述べます．コペルニクスというのは，天文学の世界で，それまで天動説が支配的であったのを，地動説を唱えて，文字通り天と地をひっくり返し，当時の世界観を根本から変革した人物です．ですから，コペルニクス的転回というのは，天地がひっくり返るような大発見や新しい物の考え方を，学問の世界の中にもたらすことを言います．『資本論』の副題は経済学批判となっています．マルクスは，マルクス以前の経済学を全て批判して，経済学を根底からひっくり返したのです．

資本制社会という言葉について

では，マルクスが行ったコペルニクス的転回は一体何だったのでしょうか．それは，短く言うと，「資本制社会の歴史性を認識した」ことです．では「資本制社会の歴史性を認識する」とは一体どういうことなのでしょうか．

ここで，１つの言葉の問題を考えてみたいと思います．それは，この講義でよく使う，「資本制社会」という言葉です．

ところで，巷では，この資本制，という言葉は多く使われないと思います．皆さんも，あまり聞いたことがないのではないでしょうか．しかし，資本制という言葉はあまり使われないけれども，これとよく似た言葉で，資本主義，という言葉はよく使われます．特に，最近は，グローバル資本主義だとか金融資本主義など，他の言葉をともないながら資本主義という言葉が頻繁にメディアでも使われています．ですから，資本主義，という言葉を耳にする機

会が多いのではないでしょうか．しかし，この講義では，資本主義という言葉は極力使わないようにして，なるべく，資本制，という言葉を使うようにしています．

　では，どうして，こういう言葉の使い方にこだわるのか，と言いますと，実は，資本制という言葉の方が，この社会の在り方をよく表現しているからなのです．資本制社会というのは，日本の明治維新の過程を見ても分かりますように，資本主義，という特定の主義・主張を持つ人達が政権をとり，その後で，資本主義という主義・主張に基づいて社会を改造した結果としてできあがった社会ではありません．そしてこういう資本制社会の在り方は，社会主義社会の反対です．社会主義社会では，社会主義という特定の理念に基づいて，政府が上から社会を作ろうとするからです．

　では，資本制社会ではどうやって社会ができあがっているのかと言いますと，社会を構成している1人ひとりの人間が行う勝手な活動が寄り集まって社会ができあがっているのです．資本制社会の人間は，一体どういうことを強く意識しながらこの社会に参加しているのかと言いますと，基本的に，1人ひとりが，自分自身の経済的な利益を追求しています．つまり，自分が持っているものを，できるだけ高く売ろうとする．何も売るものがない者は，自分の労働力を，できるだけ高く売ろうとする．あるいは，物を買う時にはできるだけ安く買おうとする．そして，そういった売り買いを通じて，1人ひとりが最大限の利益をあげようとしている．しかし，こういうふうに，自分の経済的な利益を追求している1人ひとりの人間は，一見すると，他人のことはあまり気にせずにてんでバラバラに生きているように見えながら，いや，実際のところ，かなりの程度1人ひとりがてんでばらばらに生きているのですが，そうであるにもかかわらず，実は，お互いにかなり深く依存し合っているのです．

　それは，どういうことかと言いますと，資本制社会の1人ひとりの人間は，実は，市場（market）を通じて，お互いに結びついているのです．しかし，この市場も，誰かが意識的に作り出したものではありません．一見するとバ

ラバラに生きている1人ひとりの人間が，物の売りと買いを通じてお互いに結びつき，そして，そういう売買を通じた人と人との結びつきが積み重なっていく，そういうことの結果として，市場の網の目ができあがっているのです．つまり，資本制社会は，その社会を構成している1人ひとりの人間が，自分自身の経済的な利益を追求することを通じて，そしてそういった利益の追求が市場を通じた人と人との結びつきを作り出す結果として，いわば自然発生的に形作られている社会なのです．

　繰り返しになりますが，これは，政府が意識的に社会を作ろうとする，社会主義社会とは非常に異なっています．そして，ここからが大事なことなのですが，このように，いわば自然発生的に形作られる資本制社会は，この社会に生きている人々にとっては，社会は人間が作ったものではない，したがって，あたかも天から与えられたもののように見えるわけです．それは，ちょうど，空気や大地や海，といった自然環境のように，客観的な存在物のように見える．そのため，社会が自然物のように見えるわけです．さらに，このような，社会が自然物のようである，という観念は，経済法則を究極的には人間がコントロールできない，つまり，本来は人間の活動である経済の法則が，あたかも自然法則のように人間に対峙する，こういうことによっても助長されるのです．

　こういった資本制社会の客観的性格，とでも言うべきものを表現するために，ここでは，先ほど述べましたように，資本主義社会という言葉を使わずに，あえて，資本制社会，という言葉を使っているのです．

資本制社会の政府

　なお，資本制社会といえども，そこにももちろん政府があります．しかし，資本制社会の政府は，理念に基づいて社会を作り出す政府ではありません．そうではなくて，資本制社会の政府は，先に述べたような形で自然発生的に形作られた社会のひずみ――なにしろ，社会が自然発生的に作られるわけですから，当然，そこにはさまざまなひずみがありますが，それは，例えば，

貧富の格差の拡大や，不況や恐慌をともなう景気循環です —— そういったひ
ずみを，調整する役割を担っています．また，資本制社会における個人の経
済活動が円滑に行われるようにするために，法制度の整備を行っているのも，
政府です．個人の経済活動を円滑にする法制度の中で，基礎的で重要なもの
は，私有財産制度と契約履行の強制です．まとめますと，資本制社会におけ
る政府の国内における役割は，1 つには，経済活動を円滑にするための，私
有財産制度と契約履行の強制を根幹とする社会環境を整備することです．そ
してもう 1 つは，経済活動が行われた結果生じてくるひずみを調整すること
です．

　確かに，資本制社会でも，その発展のある時期には，革命や改革を通じて
政府が社会を改造します．すなわちフランス革命や明治維新などです．しか
し，そこにおける政府，それをここではブルジョア政府と表現したいと思い
ますが，ブルジョア政府が行う社会改造は，個人の経済活動が円滑に行われ
るよう，先ほど述べた私有財産制度と契約履行の強制を根幹とする社会環境
を整備することです．しかし，社会の在り方を決めるのは，ブルジョア政府
ではなくて，社会を構成している諸個人の利己的な活動なのです．

そもそも社会の歴史性を認識するということと，資本制社会の始まり

　では，こういった特徴を持つ資本制社会の，その歴史性を認識する，とは，
一体どういうことなのでしょうか．それは，かみ砕いて述べますと，資本制
社会を，ある時に始まり，そして，ある時に終わるかもしれない社会として
認識する，ということです．つまり，資本制社会の始まりと，そして終わり
の可能性を認識する，ということです．そして，そういう意味で，資本制社
会を歴史的に**経過的で過渡的**な社会として認識する，こういうことが，マル
クスが，資本制社会の本質を理解し，経済学の世界でコペルニクス的転回を
なしとげるうえで，きわめて重要な意味を持っていたのです．では，資本制
社会の歴史性を認識することが，経済学にどのような革命を引き起こしたの
でしょうか．

　まず申し上げたいのは，資本制社会の始まりを認識する，ということは，資本制社会以前の封建制社会と較べた場合の，資本制社会の本質を捉えることを通じて初めて可能になる，ということです．では，マルクスが捉えた，資本制社会の本質とは何であったのかと言いますと，資本制社会とは，基本的に，資本と賃労働の関係によって成り立っている社会だ，ということです．つまり，資本制社会とは，基本的には，資本家または経営者と，労働者から成り立っている社会なのです．

　それに対して，歴史的に遡って封建制社会を形作っていた基本的な生産関係は何であったかと言いますと，それは，日本の江戸時代を見ても分かりますように，領主と農奴・農民の関係でした．資本制社会で実際に生産活動に従事しており，その意味で社会を根底で支えているのは，労働者です．それに対して，同じ意味で封建制社会を根底で支えているのは，農奴です．なお，農奴というのは，農業を主な職業にしている人達，という意味では農民の一種ですが，近代以降の自由な農民とは異なって，土地を売ったり人に貸したりして農民であることをやめる自由を持っていません．こういう意味で，不自由な身分です．資本制社会の労働者，封建制社会の農奴といった形で，2つの社会を根底で支える人達は大きく異なっています．

労働者と農奴

　では，労働者と農奴はその他に一体どこが違うのでしょうか．労働者とは，こうやって皆さんに向かって講義を行っている筆者もそうですが，基本的には，売ることができるものを，自分の労働力以外には何も持たない人達です．そして，同時に，この労働力を日々売らなければ生きていくことができない人達です．これをさらに踏み込んで考えてみると，1つには，自分の労働力を使って生産活動を行う手段を持っていない，ということです．そういった手段のことを，**生産手段**と言います．資本制社会では，生産手段は，資本家や経営者や企業の所有物になっています．ですから，資本制社会では，労働者が労働を行うためには，資本家や経営者や企業に労働力を売らなくてはな

らないわけです．

　労働者が労働力を日々売らなければ生きていくことができない，ということが意味する 2 つ目は，労働者が自分の労働力を売って得ることができる賃金の額が十分に低い，ということです．賃金の額が，労働者が労働力を日々売らなければ生きていくことができないような，低い水準である，ということです．つまり，労働者が働いて得ることができる賃金の額は，1 日働けばしばらく遊んでくらせるような，そういう高い水準にはなっていません．

　労働者は，労働力を売り続けなければ生きていくことができない人達ですから，職を失うということ，つまり失業は，労働者の生活に対してきわめて深刻な影響を及ぼします．しかし，失業者の存在は，残念ながら資本制社会の必要悪とでも言うべきものなのです．

　こういった労働者の在り方に対して，封建制社会の基本的な階級である農奴の在り方はどう違っていたでしょうか．先ほど，農奴は土地に縛りつけられている人達だと言いました．土地に縛りつけられている状態は，一見すると移動の自由がなくて不自由であるように見えます．しかし，裏を返して見るならば，土地に縛りつけられているということは，自分の生活を維持していくうえでどうしても必要な食料を生産する手段を保証されている，ということでもあります．ですから，農奴は，自然災害で作物が獲れないために食い逸れることはあったかもしれませんが，こういう異常事態を除くと，生活保証の与えられた，わりと安定した身分であったわけです．また，自然災害は皆に均しく襲ってくるものなので，皆が貧しくなることはありましたが，個人的に貧しくなることはなかった．それが農奴です．これに較べると，失業におびえている資本制社会の労働者は，不安定な身分なのです．

本源的蓄積あるいは原始的蓄積

　したがって，比較的安定した身分の農奴が，不安定な労働者になるには，農民が土地を失う過程，あるいは歴史的イベントがあります．しかも，資本制社会の確立ともなりますと，こういった農民の土地喪失，つまり農民が土

地を失う過程が，ごく少数の農民に起こるのではなくて，社会を揺るがすほどの大きな規模で起こるわけです．こういった，資本制社会が開始する時期にある，農民の土地喪失過程，あるいはマルクスの表現を使うと「直接的生産者の土地からの分離過程」のことを，経済史では，**本源的蓄積**の過程，あるいは**原始的蓄積**の過程，と呼んでいます．本源的，原始的という言葉には，ものごとの始めの段階，という意味があります．そして，多くの農民が土地を失う一方で，その土地をかき集める人達がいるわけです．だから蓄積です．なお，ここで本源的のゲンと原始的のゲンの字が違うことに注意して下さい．また，本源的蓄積または原始的蓄積を略して原蓄と言うことがよくありますが，その場合の原蓄のゲンは，通常はハラの方を使います．この講義では，以下，本源的蓄積という用語に統一したいと思います．

　さて，資本制社会は本源的蓄積とともに始まりますが，しかし，本源的蓄積がいつの時代に属するかは，国によって大きく異なります．また，どれ位の期間続くかも国によって異なります．イギリスでは，本源的蓄積は，16世紀から19世紀初めの間の，強弱の波はありますが300年以上にも及ぶ長い期間にわたって継続した過程でした．日本で本源的蓄積は，19世紀に始まったと言われております．日本で本源的蓄積がいつ終わったかは議論のあるところですが，人によってはようやく1980年代に終わった，という意見もあります（第10章参照）．

商品経済の浸透と競争

　では，本源的蓄積の過程で，農民はどのようにして土地を失うのでしょうか．そこには2つの道筋があります．1つは，農民が土地を売る，ということです．持っているものを売るわけですから，土地を失うといってもこれはわりとまっとうなやり方です．しかし，筆者は，先ほど，封建制社会では農民は土地を売れない，と述べました．封建制社会の全盛期，その真っ只中には，確かに農民は土地を売れませんでした．しかし，封建制社会も終わり頃になってきますと，だんだんと，封建制社会の規律が緩んできます．基本的

①最初の状態．AとBの2人の生産者は同じ商品を生産．

②Bが技術革新を行い，そこで2千円の超過利潤が発生．超過利潤＝商品価格－投下資本－通常の利潤．

③Bは生産規模を拡大．その結果，市場における商品の供給過剰が生じ，商品価格が低下する．

④Bはさらに生産規模を拡大．その結果，市場における商品の供給過剰がさらに著しくなり，商品価格がさらに低下して，Aで損失が生ずる．

⑤Aは投下した資本を回収できずに没落する．Bだけが残る．

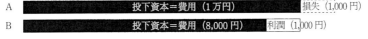

第4-1図　商品経済の下での競争

に自給自足であった農民の生活の中に，つまり基本的に自分で消費するものを自分で作って生活していた農民の世界に，徐々に，商品経済が忍びこんできます．商品経済は，1人ひとりの人間が市場で競争している社会です．ですから，商品経済には優勝劣敗があります．商品経済の結果は勝ち組と負け組の存在です．つまり，商品経済の結果は，貧富の格差です．そのため，商品経済が農民の世界に忍びこんでくると，一方では生活に窮する農民が出てきます．そして，生活苦の結果として，土地を売ることが頻繁に行われるようになるのです．

　ここで，商品経済が勝ち組と負け組を作りだすことをもう少し詳しく説明したいと思います．第4-1図を見てください．ここでは，AとBの2人の生産者の存在を想定しています．AとBは同じ商品を生産して，それを売って生活しています．①の状態では，AとBは同じ条件で生産を行ってい

ます．つまり，1万円の投下資本＝費用で生産して，そこに2,000円の利潤を
つけて，1万2,000円で商品を売っています．ところが，その後，Bの生産者
は生産方法を工夫して，つまり技術革新を行って，より少ない費用で生産で
きるようになりました．これが，②の状態です．Bは，先ほどの1万円では
なくて，今度は8,000円の費用で商品を作ることができるようになりました．
商品の値段は1万2,000円で変わりませんから，Bの利潤は1万2,000円マイ
ナス8,000円で4,000円です．つまり，Bの利潤は先ほどの2,000円からさ
らに2,000円だけ増えたわけで，この増えた部分を**超過利潤**と言います．B
が新しい生産方法を採用したのは，この超過利潤が欲しかったからなのです．

　さて，Bはこの超過利潤を何に使うかと言いますと，通常は自分の事業を
拡大するために使います．事業を拡大して自分の利潤をさらに増やしたいか
らです．そうすると，社会の中でこの商品に対する需要が増えなければ，B
が生産量を増やした分だけ，供給が過剰になって，商品の価格が下がってき
ます．この価格が下がった状態を示しているのが③です．商品の価格は1万
1,000円にまで下がっています．この価格だと，Aはまだ利潤を得ています．
しかし，Bがさらに生産を拡大して，④のように商品の価格が9,000円にま
で下がってきますと，8,000円の費用で生産することができるBはまだ
1,000円の利潤を確保していますが，Aは1万円の費用を回収することがで
きなくて，困ってしまうわけです．Aは，こういう状態が続くと，赤字続き
で⑤のように没落してしまいかねません．ということで，生産物が商品とし
て生産されるようになると，超過利潤を目指して技術革新が行われるように
なり，そのことが，勝ち組と負け組を作り出してしまうのです．

　ところで，この例では，Bは，結局，利潤を①の2,000円から最終的には
1,000円に減らしてしまいました．なのに，どうして，Bは技術革新を行っ
たのでしょうか．1つ考えられることは，Bは1つひとつの商品で利潤が減
っても，生産量を増やして，利潤の総額を増やすことができたのかもしれな
いということです．それは充分に有り得ることです．しかし，仮にそうでは
なくても，Bには技術革新を行わなければならない理由があります．なぜな

ら，自分がやらなければ他に先を越されてしまうからです．つまり，Ａと
Ｂはお互いに没落をかけた競争を行っているので，技術革新を他よりも早く
進めなくてはいけないのです．資本制社会では技術革新が非常に急速に進み
ますが，それはこうやって生産者達が互いに激しく競争しているからなので
す．

分与地と村落共有地

　さて，農民が土地を失うもう１つの道筋は，農民の持っている土地が取り
上げられてしまう，ということです．つまり，有り体に言ってしまうと，土
地が略奪される，ということです．このことを理解するには，資本制以前の，
封建制社会における農民の土地に対する権利を理解する必要があります．

　封建制社会における農民の土地に対する権利は，通常，２つの部分から成
っていました．１つは，分与地に対する権利です．分与地というのは個々の
農民家族に対してムラから分け与えられた土地です．農民は自分に分け与え
られた土地を耕す権利（用益権）を持っていました．分与地の上で，農民は，
家族単位で農作業を行っていました．そして，分与地で生産された農産物は，
農民が，自分の家で消費し，また年貢として地主や領主に支払うために使っ
ていました．以上が分与地です．

　次に，農民の土地に対する権利の２つ目の部分は，村落共有地に対する権
利です．村落共有地は，家畜の放牧，肥料や家畜の餌となる草の採集，さら
には薪の採集などに使われていました．先ほどの分与地とこの村落共有地と
は，ともに，農民の生活にとって必要欠くべからざるものでした．つまり，
農民の生活は，分与地と村落共有地の両方があって初めて成り立っていたの
です．このうち，分与地に対する農民の権利は，誰の目にもはっきりとした
ものでした．なぜならば，先ほども述べましたように，農民は，この分与地
の上で，日々，家族単位で農作業を行っていたからです．言うならば，農民
は，分与地を日常的に実効支配していたのです．土地の所有，ということの
背後に土地に対する労働投下を見るのは，典型的には古代ゲルマン法的な土

地所有の観念です．が，土地が，実際にそれを使っている人のものだ，と考えるのは，ゲルマン民族に限らず，多くの民族に見られるものです．

　しかし，他方の村落共有地に対する農民の権利は，分与地ほどはっきりした，明確なものではありませんでした．村落共有地に対する農民の権利は，集合体としての農民が保有していたもので，分与地のように個々の農民が保有しているものではありませんでした．こうした，言うならば曖昧さが，政治的・経済的な有力者に突かれます．そして，村落共有地は，封建制社会の終わり頃になってきますと，有力者によって取り上げられ，略奪されてしまいます．村落共有地の有力者による略奪は，武力を使って強引に行われることもありましたが，時に，法律を使って行われることもありました．有力者は自分に都合のいい法律を作って「合法的に」村落共有地を取り上げてしまったのです．先ほど，農民の生活は，村落共有地と分与地があって初めて成り立っていた，と述べました．村落共有地に対する権利を失った農民の生活は，結局のところは立ちゆかなくなって，多くは農村を離れて，都市へと流出していくことになってしまったわけです．

事物の発展過程は同時にその否定要因の形成過程でもある

　以上が資本制社会の始まりを認識することにともなうコペルニクス的転回です．引き続き，資本制社会の終わりの可能性を認識することにともなって，どのような経済学上の革命がなし遂げられたのか，を見たいと思います．

　ところで，資本制社会の終わりの可能性を認識するということを，現在生きている，いや，生きているどころか日々発展しているかのように見える資本制社会の中で確認するということは，どういうことか，と言いますと，それは，資本制社会の発展過程を，同時に，それが否定される要因が生み出される過程として認識する，ということです．より一般的に，あるものの発展過程を，同時に，その否定要因が形成される過程として認識する方法を，哲学の世界では，**弁証法**と呼んでいます．資本制社会の終わりの可能性を認識する，ということは，こういった弁証法的なものの考え方で資本制社会を捉

えることを意味しています.

資本制社会の否定要因

　では，資本制社会の発展過程とともに生み出されてくる，資本制社会の否定要因とは，一体どのようなものでしょうか．先ほど，資本制社会は，資本・賃労働関係を基本的な生産関係としながら成り立っている社会だ，と述べました．そして，資本制社会の始めには，本源的蓄積の過程が，つまり農民が土地から切り離されて労働者になっていくことが，一大社会現象として起こる，そういう農民と土地との分離過程が，社会の片隅で細々と起こるのではなくて，社会全体の性格を一変させるほどの規模で起こることが必要なのです.

　そして，資本制社会が発展していく，ということは，資本・賃労働関係に基づいて考えますと，この関係が拡大していく，ということに他なりません．つまり，労働者が量的に増えていく，ということです．そしてマルクスは，この労働者の増加を，資本制社会の否定要因と考えていたわけです．しかし，労働者が増える，ということがどうして資本制社会の否定要因なのでしょうか.

　これは，労働者というものの性格を考えてみれば分かることです．労働者は，本質的に，自分の生存保証を持たない存在です．つまり，資本制以前の封建制社会の農奴は，たとえ強制によってではあれ，自分の生存を保証する土地と結びついていた．こういう状態と比較してみる時に，労働者という存在が持つ根源的な不安定性，あるいははかなさが鮮明に浮かび上がってきます.

　さらに資本制以前の社会の農民は，共同体というものを作りながら生活していました．共同体の中では土地の管理が行われ，さらには互助の仕組みが発達していました．共同体の中で生活すること自体が，人々の生存を保証していたのです（第12章）．しかし，資本制社会の中では，共同体は壊れゆく運命にあります.

　つまり，資本制社会の労働者とは，2重の意味で生存を脅かされている存在です．労働者は，資本制以前の社会で人々の生存を保証していたセーフティネットである，土地と，それから共同体から，切り離された存在なのです．

　もっとも，労働者がきちんと雇われて職に就いていて，労働の代価として賃金を定期的に受け取っている限りは，労働者の生存が脅かされているとは，もちろん言えません．受け取るべき賃金をちゃんと受け取っている場合には，労働者の生存に対する脅威はなお潜在的なものです．労働者の生存に対する脅威が潜在的なものにとどまらずに現実のものとなるのはいつかと言いますと，それは労働者が失業する時です．

　ところで，日本でも常に労働力人口の数％が失業者で，政府もなるべくそれを減らそうと努力していますが，それは決してなくなりません．というのも，実は，失業者の存在は，資本制社会の存立条件だからです．失業者は労働力の予備的な供給源ですから，資本制社会は，ある程度の量の失業者の存在を前提にしながら，初めて成り立っているのです．そして，労働者には誰でも失業する可能性があります．しかも，マルクスによると，この傾向はますます強まっていく．というのも，マルクスは，労働はだんだんと単純化する傾向がある，と考えていたからです．単純労働化していくので，労働者は誰でもいい，したがって，失業者も誰でもいい，というわけです．

　さらに，資本制社会では，定期的に不況や恐慌の時期がやってくるのですが，そういう時期には失業者は急増します．常に失業に脅かされる存在である労働者，そういう不安定な立場の人達が社会を根底で支えている，それが資本制社会の最大の不安定要因だというのです．そしてこのことは，封建制社会の農民が，不自由ではあったけれども生活の安定した身分であったのと較べると，大きく異なります．実際，今でも不況になると多くの人が解雇されます．ただし，こうした資本制社会における労働者の不安定性は，平時ではあくまでも潜在的なものです．戦争による経済の破綻や大恐慌の時に，この潜在的な不安定性が顕在化するのです．

　こうして，潜在的に生存を脅かされ，そして失業時にはそれが現実化する

存在である労働者が増えていく，資本制社会が発展するにともなって増えていく．このことをもって，マルクスは，資本制社会の否定要因と考えていたのです．

資本制社会の歴史性を認識することが困難な理由

　では，資本制社会の始まりと，そして終わりの可能性を認識することが，どうしてそんなに骨の折れることなのでしょうか．資本制社会の歴史性を認識しない，ということは，資本制社会は人類の歴史とともに始まり，未来永劫に続いていく，そう考えることです．資本制社会は，過去にも未来にも永遠だ，と考えることです．どうして，マルクス以前の経済学は，資本制社会の始まりと，そして終わりの可能性をはっきりと認識することができなかったのでしょうか．最後にこのことを説明したいと思います．

　それは，先ほど述べた資本制社会の客観的性格と関わります．資本制社会は，人間が，意識的に作り出したものではない．資本制社会のもとでは，社会はあたかも天から与えられたもののように見える．それは，空気，大地，海と言った自然物と同じです．空気，大地，海にも天文学的な時間のスケールで考えると始まりはありますし，おそらく終わりもあるのでしょうが，通常の人間の意識は，空気，大地，海の始まりと終わりを認識しません．通常の人間の意識には，それらは，永遠の過去から永遠の未来に向かって，永劫不変に存在するもののように見えます．マルクス以前の経済学が社会に対してとった態度もこれと同じでした．

　マルクス以前の経済学にとって，社会とは，そして，その時の社会の形態であった資本制社会は，永劫不変に存在するものでした．資本制社会の客観的性格が，マルクス以前の経済学が資本制社会の歴史性を認識することを妨げたのです．資本制社会を始まりと終わりの可能性がある社会として認識することを妨げたのです．

参考文献

シュムペーター, J. A.（1942）『資本主義・社会主義・民主主義』東洋経済新報社
　　（中山伊知郎・東畑精一訳）.

村岡俊三（1988）『世界経済論』有斐閣.

第5章
ポスト・マルクス体系の時代における経済学と農業問題

ここまでの要約とこの章で行うこと

　この講義は農業経済学の講義ですが，ここまで4章にわたって，農業経済学の前段の話として，より一般的な，ただし農業経済学を理解するうえで必要な，経済学の流れを勉強してきました．ここまで述べたのは，アダム・スミスに始まって，その後デビッド・リカードが継承し，そしてカール・マルクスによって一応の完成を見た経済学の流れです．そしてこの3者に共通していたのは，何れも，自らの経済学の基礎に，労働価値説を置いていたということです．労働価値説に立脚した経済学は，スミスによって一応体系化されました．しかし，スミスにあっては，それは必ずしも一貫したものではありませんでした．それをリカードと，さらにはマルクスが精密化して，労働価値説に立脚した経済学は，マルクスで確立したのです．

　この章では，さらに，マルクスが『資本論』第1巻を書いてその体系のおおよその輪郭が世に示された後[5]，それをここでは**ポスト・マルクス体系**の時代と表現したいと思いますが，その時代の経済学を見ながら，どうして農業経済学が，経済学一般の流れから分かれて，経済学の中で独立した一領域

---

5)　前章で見たように，『資本論』は第1巻が1867年に出版され，第3巻が1894年に出版されていますから，その間に30年近い時間の隔たりがあります．ここでは，第1巻が出版された後の時代のことを，ポスト・マルクス体系の時代と考えることにしています．

として確立していったのか，という問題を考えてみたいと思います．

ポスト・マルクス体系の時代における経済学の2つの流れ

　なお，このあたりの話を，労働価値説を思い出すところから始めたいと思います．労働価値説というのは，何度も繰り返しておりますように，商品の価値または価格の基礎に労働を見る学説です．つまり，労働価値説によると，商品の価値または価格というのは，その商品を作るのに社会的に必要な労働量によって決定されています．そしてこの学説は，ただ単に商品の価値または価格を決定する論理を示しているだけではなくて，よりさかのぼって考えるならば，それは社会の1つの捉え方なのです．つまり，労働がそれぞれの生産部門に適切に配分されていなくてはならないという，いかなる社会であれおよそ社会が成り立つために必要な経済原則が，商品経済のもとでは，商品の価値または価格を指標（indicator）にしながら貫かれている，労働価値説とは社会についてのそういうものの考え方でもあるのです．

　さて，労働価値説に立脚した経済学が，19世紀後半に，マルクスによって基本的に完成されますと，それ以降，経済学に，大きく言って2つの流れが生まれてきます．1つは，労働価値説に基づかない経済学を打ち立てる流れです．すなわち，1870年代ですが，3人の経済学者，メンガー，ワルラス，ジェボンズが，それぞれ独立に，商品の価格の基礎に，労働価値説のように労働投下量を見るのではなくて，消費者による商品に対する欲望を見る，そういう経済学の基礎を立てます．彼らは，消費者の商品に対する主観的評価の大小が商品の価格を決定する，と考えたのでした．こういった価格についてのものの考え方を，**主観価値説**と言います．主観価値説に立脚した経済学は，その後，世間でいわゆる近代経済学と呼ばれているものの流れを形作り，今日の新古典派に繋がっていくわけです．その学問的信条は，社会の中での資源配分における，市場の自動調整機能に対して，非常に高い信頼を寄せている，ということです．

　マルクスの経済学が，社会全体が市場メカニズムで覆われている資本制経

済の，前章で述べましたような歴史性，あるいはその限界を認識したのに対して，主観価値説に立脚した経済学は，市場メカニズムに対する信頼を表明したわけです．このように，主観価値説に基づく経済学は，出発点も結論も，労働価値説による経済学とは非常に大きく異なっています．これがポスト・マルクス体系の 1 つの流れです．

　ポスト・マルクス体系のもう 1 つの流れは，主観価値説のようにマルクスをひっくり返したのではなくて，基本的にマルクスによる労働価値説の経済学を継承しながら，その延長上にあるものです．こういった，基本的にマルクス体系を継承している流れを，世間では，通常，マルクス経済学と呼んでいます．マルクス経済学の中には，もちろんマルクス自身の経済学も含まれていますが，それだけではなくて，マルクスの後で，マルクスの経済学を継承した経済学の流れも含まれています．しかし，マルクス経済学は，より正確に言いますとマルクス後のマルクス経済学は，マルクスをそっくりそのまま継承したわけではありません．もっと正しく言うと，単純にマルクスを継承することができない状況が，19 世紀の終わり頃から 20 世紀の初めにかけて，現実の経済社会の中に生じてきたのです．マルクスが経済学体系の枠組みを確立した 19 世紀中頃とは大きく異なる状況が，今述べた世紀の変わり目の頃に，新しく現れてきたのでした．そして，そこで新しく現れてきた現実の態様の解釈をめぐって，マルクス経済学の内部にさまざまな流派が現れてきたのです．つまり，マルクス後のマルクス経済学は 1 つではないのです．そして，そういった，19 世紀の終わり頃から 20 世紀の初めにかけて現れてきた，新しい状況の 1 つが，実は，農業問題なのです．

資本制農業

　ということで，いよいよ農業問題そのものの話に入るわけですが，ここで 1 つ確認しておきたいのは，今の話から，農業問題とは，ポスト・マルクス体系の経済学の 2 つの流れで言うならば，マルクス経済学から出てきた，ということです．そこで，以下では，ポスト・マルクス体系の経済学の 2 つの

流れのうち，近代経済学ではなくて，マルクス経済学の話を中心に進めていきます．近代経済学の流れに関心がある方は，参考文献であげた書籍（杉本）にあたりながら，自分で勉強して下さい．

　では，農業問題は過去にどのような形で認識されたのでしょうか．まず，以前にマルクスやリカードの地代論を説明した際に，そこではどのような状況が想定されていたかを思い出してみましょう（第2，3章）．つまり地代論の世界というのは，農業生産が資本制的に営まれている，そういう世界でした．農業生産が資本制的に営まれている世界とは，さらに具体的にどういう世界であったのかと言いますと，そこには，農業に，3つの階級がいたわけです．資本家，労働者，土地所有者です．そこでは，農業でも，資本制的な工業と同様に，資本家あるいは経営者が資本を投下します．そして，資本家あるいは経営者は，投下した資本で農具など生産手段を買い入れ，さらに労働者を雇い入れます．こうした労働者が農業における2つ目の階級です．ただし，土地については，資本家や経営者の所有物ではなくて，土地所有者が，独立した第3番目の階級として存在してそれを所有しています．そして，農業に資本を投下する資本家や経営者は，土地所有者から土地を借り入れます．さらに，そうやって土地を借り入れた資本家や経営者は，借地の代償として土地所有者に対して地代を支払うわけです．

　このような，資本制的に営まれる農業の在り方は，資本・賃労働関係による資本制的な工業と，基本的に同じです．ただし，農業の，工業にはない特殊な事情は，生産手段として土地が，技術的にも経済的にも，きわめて重要な意味を持っている，という点です．しかし，この点を除けば，ここまでは農業は工業と同じであるわけです．そして，このような資本制農業の在り方は，今日でも我々がよく目にするような，家族経営による農業の在り方とは，大きく異なるものです．例えば家族経営の自作農では，資本も，労働力も，土地も，家族のものです．

　では，マルクスやリカードは，現実には存在しない絵空事としてこのような資本制農業を想定したのでしょうか．農業は，現実には多くの場合に家族

経営なのだから，マルクスやリカードの資本制農業という想定は単なる空想なのでしょうか．実はそうではないのです．マルクスやリカードが研究対象とした19世紀前半から中頃にかけてのイギリス農業の現実の姿が，このような，資本・賃労働関係による，資本制農業の方向に向かって進んでいたのです．イギリスでは，世界で最初に資本制社会が発展したのですが，そこでは，資本制的な関係は，農業までをも捉えていたのです．

　ところで，今，筆者は，資本制農業であった，とはっきりと言い切らずに，資本制農業の方向に向かって進んでいた，と少し含みのある表現の仕方をしました．というのは，19世紀前半から中頃にかけてのイギリス農業の現実の姿といえども，実際のところは，資本制農業が専一的である，つまり，資本制的な企業による農業経営が，農家による家族経営的な農業を完全に駆逐してしまう，というところまではいかなかったのです．その一方で，19世紀中頃のイギリス農業の現実の姿は，急速な農民層分解というものが進行して，家族経営的な農業が解体し，農業で資本・賃労働関係が急速に生まれている，そういう状況でした（農民層分解という言葉については，すぐあとで説明します）．したがいまして，当時の農民層分解の状況がそのまま進んでいったとしたならば，という仮定の上での話なのですが，その場合には，将来的には，資本制農業が家族経営による農業を駆逐してしまう，そういう展望を，19世紀前半から中頃のイギリス農業は持つことができたのです．

　つまり，19世紀前半から中頃にかけてのイギリスでは，資本制農業は，家族経営的な農業と並存していたために，いまだ全体を専一的に支配してはいなかったけれども，言うならば，1つの支配的な傾向としては認められた，ということです．

農民層分解

　先ほど，筆者は，農民層分解，という言葉を使いました．この言葉は，農業経済学では非常に重要な言葉ですから，以下で詳しく説明したいと思います．これは，実は，前章で述べた，商品生産者の競争の話と似ていますから，

その復習として学んでもらいたいと思います．農民層分解では，農民達が，商品生産者としてお互いに市場（しじょう）で競争している状態にある．こういうことが，そもそもの出発点です．出発点は，資本制農業ではなくて，家族で農業をやっている農家だ，ということを，ここで強調しておきたいと思います．

ところで，生産者同士がお互いに競争する，とは具体的にどういうことでしょうか．実際には生産者同士は，さまざまな次元で競争しています．そこには，商品の品質やその売り方などさまざまな要素があります．しかし，生産者同士の競争の基本は，やはり，生産物の価格です．つまり，商品の質や販売方法が標準化していて甲乙つけがたいということが前提なのですが，その場合は，結局は，より安い価格の商品を提供することができる者が勝ち残る，そういうことになるわけです．そして，安い商品を提供することができるのは，生産力が高い生産者です．したがって，より少ない資源を使って，あるいは，それと同じことですがより低い生産費で生産物を生産できる生産者が勝ち残るのです．そして，このような，より低い生産費で生産物を生産できる生産者というのは，まずは，より高い生産技術を持っている生産者ということです．ですから，生産者は，市場で勝利者になるためには，自分の生産技術を向上させようと努力しなくてはいけないのです．

今述べたことを示しているのが第5-1図です．図の横軸で右にいくほど生産者の技術が高くなっています．生産者を左から順番に，A，B，Cとしましょう．そして，生産者の技術が高くなるほど，縦軸に示してある生産費が低くなるわけです．競争に参加している生産者達はこぞって右側の生産者，すなわち生産技術の高い生産者を目指しています．そして，点線はこの生産物の価格を示しているとします．そうしますと，価格は，生産技術の最も低い生産者である一番左側のAの生産費よりも低い．つまり，Aの生産者は，物を生産して売っても，売って得た価格でもって自分の生産費を回収することができないわけです．つまり，Aの生産者は赤字なのです．こういう赤字の状態が長く続きますと，Aの生産者は経営を続けることが困難になり，最終的には潰れてしまいます[6]．反対に，生産技術の最も高い生産者であるC

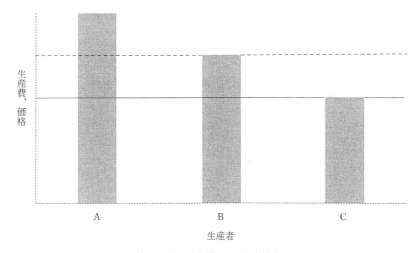

第5-1図　農業における競争

の生産費は，生産物の価格よりも低いわけですから，Ｃは自分の生産物を売ることができれば，利潤を，自分の生産費と価格の差額分だけ，受け取るわけです．利潤を得ているＣの生産者は，この状態が継続しますと，利潤を蓄えることができます．そして，その結果，資金力が豊かになります．さらに，豊富になった資金を使って，今度は自分の事業の規模を拡張することができるようになります．そして，生産技術の高いＣの生産者が自分の事業規模を拡張すると，当然に，Ｃの生産者が生産する生産物の量が増えます．そうすると，社会全体に供給される生産物の量も増えるわけです．

　ここで，この生産物に対する，社会全体の需要量がそれほど増えない，とするならば，需要量に対して供給量が過剰になる状態，すなわち供給過剰状態になる恐れがでてきます．つまり，社会の中で売れ残る商品が出てくるかもしれない，そういう恐れがでてくるわけです．

　こういうことになりますと，自分が作った商品が売れ残ってしまってはたいへんですので，生産者の対応としては，自分の商品の価格を下げて，つま

---

6)　次の章で，家族経営の農民が経済的苦境に対する強靭な耐久力を持っていることを見るでしょう．

り他の生産者の価格よりも低い価格を設定して，なんとか自分の商品を売り切ろうとします．そして，そういうことを大きな困難をともなわずに行うことができるのは，生産技術の高い生産者，つまりはＣのような生産者です．なぜならば，Ｃの生産者は，利潤を我慢すれば，価格を下げても損はしないからです．反対に，生産技術の低い生産者，つまりＡのような生産者は，以前の価格でもすでに赤字で苦しんでいたわけですから，ここからさらに自ら進んで価格を下げる余力など全くないわけです．

　しかし，Ｃの生産者が価格を下げると，他の生産者，すなわち，ＡやＢの生産者も追随して価格を下げざるをえません．なぜならば，消費者は価格の低いＣの商品の購入に殺到するので，ＡやＢの商品が，売れなくなってしまうからです．そこで，ＡやＢの生産者も，Ｃの生産者に合わせて，自分の商品の販売価格をしぶしぶ引き下げるわけです．

　図の中の実線は，生産技術の高い，Ｃの生産者が価格を下げ，さらに，他の，ＡやＢの生産者もＣに追随した時の価格を示したものです．なお，前章の説明と違うのは，Ｃは利潤がないところまで価格を下げることができるということです．これは，Ｃは，家族経営で資本制的な企業ではないので，利潤なしでもやっていけることを表現しています．なお，この場合は，生産技術の低いＡの生産者の赤字はさらに大きくなっています．つまり，Ａの生産者の経営困難の度合いはいっそう厳しいものになっています．また，以前は赤字でなかったＢの生産者も，今度は赤字に転落してしまっています．今までは割と順調に経営していたＢの生産者が，今度は，新たに，経営困難に直面しているわけです．こういったことの結果として，Ｃの生産者が商品の価格を下げると，Ａのようなもともと潰れる運命にあった生産者はよりいっそう速やかに潰れ，また，Ｂが新たに倒産の予備軍に入ってくるわけですから，潰れる生産者の数は，さらに増えていきます．そして，社会の生産活動は，Ｃのような，生産技術の高い，一部の生産者に集中していくことになります．Ｃのような生産技術の高い生産者は，最初は家族経営で家族労働力だけで農業をやっていましたが，自分の事業の規模を拡大する途中で，つ

いには人を雇い入れなければ生産ができなくなります．反対に，AやBの
ような生産技術の低い生産者は，自分で生産することができなくなって，最
終的には経営を手放して，人に雇われる道を選ぶことになります．今述べた
ことが，生産者の競争を通じた分解の過程です．

　ここまでは先ほどの利潤の点を除くと前章の復習なのですが，ここでさら
に1つ注意しなくてはならないことがあります．それは，今問題にしている
生産物は農産物だということです．前章の競争の話は，特に農産物生産者間
に限定したものではありませんでした．では，生産物が工業製品ではなくて
農産物だと，どういう問題が新たに生じてくるのでしょうか．生産物が農産
物である場合には，以前に地代論のところで述べたように，生産者の生産技
術のほかに，土地が持つ豊かさの度合い，つまり豊度が，生産費に強く影響
してきます．ですから，運悪く，自分が耕している土地の豊度が低い生産者
は，生産費を下げようと思って，一生懸命に自分の生産技術を高めても，な
かなか努力が報われない，つまりうまい具合に結果がついてこない，そして
生産費が下がらない，ということになるわけです．

　反対に，運良く自分が耕している土地の豊度が高い生産者は，たとえ生産
技術を高めるための努力はたいして行わなくても，土地の豊かさに助けられ
て，最初から生産費が低いということになるわけです．したがって，生産者
によって，土地の豊かさによるゲタをはかせてもらったり，ゲタを外された
りしているわけです．つまり，農業では，最初から，競争の中で，生産者の
技術以外の要素が大きな意味を持っている．そして，そういう意味で，なか
なか公正な競争が行われないように見えてきます．つまり，農業の場合には，
先ほどのA，B，Cの生産費の違いが，実は，生産者間の技術の違いだけで
はなくて，土地の豊度の違いからも生じてくる場合がある，というわけです．

資本制農業のビジョンと現実

　ところで，今ここで説明したのは，生産者が，資本家・経営者と，労働者
の2つの階級に分解してゆくメカニズムです．そして，マルクスやリカード

が想定したことは，農業でも，今述べたように，土地の優劣や技術による農民どうしの競争が行われて，農民が，資本家・経営者と，労働者の2つの階級にだんだんと分解していく，ということでした．そして，こういった想定の上に立って，先ほど述べたように，地代論が，資本家・経営者と労働者に加えて，さらに土地所有者，これら3者から成り立っている世界の中で展開されたのでした．

　ところで，19世紀の終わり頃から20世紀の初めにかけて明らかになってきたことは，当時の主要な先進国で，このような，農民が分解して，資本家・経営者と労働者に分かれていく，という歴史のビジョンが，現実によって裏切られていった，ということです．当時の先進国というのは，ヨーロッパ，米国，そして日本ですが，そういったところで，農民は資本家・経営者と労働者には分解しなかった．そして，依然として，農民として家族経営の農業を営み続ける．こういう傾向が，次第にはっきりとしてきたわけです．もっとも，それでも，マルクスが言ったことに忠実に，「いや，農民は資本家と労働者に分解しているのだ」，と主張する人達もいました．歴史上でよく知られているところでは，ドイツ人のカール・カウツキー（1854-1938）という人が，1899年に出版した『農業問題』という本でそういうことを書いています．また，ロシア革命の指導者として有名な，ウラジミール・レーニン（1870-1924）が，やはり1899年に出版した『ロシアにおける資本主義の発展』という本の中でそういうことを言っています．しかし，こういった，農民は資本家と労働者に分解していく，という歴史のビジョンは，先ほどから述べておりますように，現実によって否定されていくわけです．

農業問題と農業経済学の生成

　さて，ここに，農業問題が生じてきます．すなわち，農業問題とは，農業が資本制化しないことにともなう諸問題，であります．まず，農民が分解して，農業が資本家・経営者と労働者によって営まれるようになる，そういったマルクスやリカードが描いた歴史ビジョンが実現しないのはなぜなのか，

こういうことが問題になります．同じことになりますが，農業がいつまでも家族経営中心に営まれ続けるのはなぜなのか，ということです．そして，農業が，いつまでも資本制化しないで，家族経営中心に営まれ続けることによって，そこから，どのような深刻な問題が生じてくるのか，ということが論点になります．

　というのも，工業などの他産業では，次第に，資本制的な企業が支配的になっていく．しかも，工業などの企業は，だんだんと規模が大きくなっていく．もっと正確に言うと，規模の大きい企業に事業活動の主体が絞り込まれていく．19世紀から20世紀への変わり目の頃には，工業の世界では，19世紀後半の技術発展を背景に，すでに，**独占体**と呼ばれる，大企業とその集合体が支配していました．これに対して，どういうわけか，農業では，いつまで経っても，比較的規模の小さい，家族経営中心に生産が営まれ続けている．こういった独占体に囲まれている状況は，農業にとって不利なものでした．

　代表的な1例をあげるならば，**シェーレ（*Schere*）**という現象があります．シェーレとは，もともとはドイツ語でハサミのことです．しかし，シェーレという言葉を例えば『広辞苑』で引いてみますと，次のように書いてあります．「独占化した産業部門と非独占部門との価格差が鋏を開いたような形に漸次増大する現象．特に工業製品価格と農産物価格との間で強く現れる．鋏状価格差」．つまり，この場合，シェーレとは，独占体による工業製品は，利潤を上乗せしてある程度は価格を人為的に高くすることができるが，家族経営による農産物は安く買い叩かれてしまう，ということです．

　では，こういった不利な状況に置かれた農民の所得を確保するために，どのように対応したらいいのか．農民が，自分達を農業協同組合（農協）などに組織しながら独占体に対抗するのか．さらには，政府が，不利な状況に置かれた農民に対して，どうやって政策的に対応するのか．それは，価格保障や所得補償を行って保護することなのか．それとも，農民層の分解を政策的に進めて，農業も，独占体とまではいかなくても，少なくとも資本家・経営者と労働者による資本制的な企業によって営まれる状態にまではもっていこ

うとするのか．そして，こういった，誰が農業を担うのか，という構造的な問題を，国民食料の確保とどのように結びつけるのか．こういった，一連の問題が，農業問題を形作っているのです．そして，農業問題を扱う学問として，農業経済学が，経済学の中で，独立した1つの学科として生まれてきたのです．

　この章では，ポスト・マルクス体系の時代における経済学を概観しながら，どうして農業経済学が，経済学一般の流れから分かれて，経済学の中で独立した1領域として確立して行ったのか，こういう問題を考えてみました．なお，シェーレという言葉が分かりにくいのではないかと思いますので，後に（第7章で）さらに詳しく説明します．しかしその前に，次章では，農業問題の背景にある，産業としての農業の特質について説明します．

参考文献

大内力（1977）『農業経済論』筑摩書房．
カウツキー，K.（1899）『農業問題』岩波文庫（向坂逸郎訳）．
杉本栄一（1950）『近代経済学の解明』岩波文庫．
レーニン，V. I.（1899）『ロシアにおける資本主義の発展』岩波文庫（山本敏訳）．

第**6**章
産業としての農業の特徴

農業問題と社会主義運動

　農業問題が最初に論ぜられた時期は，前章で述べましたように，19世紀末から20世紀の初めにかけてです．そしてその頃，この問題が論ぜられたのは，実は，主に社会主義運動と関わってでした．社会主義運動とは何でしょうか．社会主義運動とは，あえて単純化して言えば，労働者の運動です．労働者が，資本家が支配している世の中をひっくり返して，労働者が主導権を握る社会を作り出す．そういう革命を目指した運動です．

　その場合，社会主義運動では，現実に目の前にいる農民を，どのように位置づけたらよいのか，ということが1つの問題となります．なぜならば，農民は，当時の先進国の中でも就業人口のかなりの部分を占めていました．そして農民は，労働者でも資本家でもない，第3の存在です．労働者と資本家の間にいる，中間階級という言葉もあります．少し乱暴な言い方になるかもしれませんが，中間階級の農民は，社会主義運動にとって，敵なのか味方なのか．そういうことが問題になったのです．

　ところで，農民は，それ自体としては社会主義運動にとっては，味方ではないように見えます．なぜならば，農民は土地を所有しているからです．社会主義運動は，通常，土地の国有化を目指します．ですから，農民は，多くの場合に，革命の後にできる社会主義の政府が，土地の国有化を宣言して自分達の土地を取り上げるのではないかと心配して，社会主義運動に反対する

のです．しかし，ここで1つの問題を考えなくてはなりません．つまり，はたして，資本制社会の中で，農民は安定した身分なのかということです．資本制社会の中で，農民は，いつまでも農民として留まることができるのか，ということです．

　前章で述べたマルクスの古典的なものの考え方はきわめて明快です．つまり，農民は，近い将来に，分解してしまう階級である．分解して資本家か労働者に分かれるので，家族経営の農民はいなくなってしまう．したがって，農民からは，ごく一部は資本家になる者も出てくるかもしれないけれども，しかし実はその大半が近い将来の労働者である．そこで，農民は，自分達の資本制社会の中でのこのような運命を自覚するならば，その大半は，労働者と社会主義運動で同盟を組むことができる．こういうものでありました．こういうことから，社会主義運動は，かつては，一生懸命に，農民に対して，彼らの没落する運命を説いて回ったわけです．しかし，こういった農民＝将来の労働者，という考え方が，前章で述べましたように，現実によって裏切られる．そこから農業問題が生じてきたのです．農民はなかなか分解せず，いつまでも家族経営の農民であり続ける．こういうことが，19世紀末から20世紀の初めにかけて，先進国ではっきりと目につくようになってきたのです．

　こういった，家族経営の農民がどっこい粘り強く生き続ける，という状況を受けて，各国の社会主義運動の内部で，さまざまな論争が展開されました．

ドイツ修正主義論争とロシア資本主義論争

　ドイツでは，エドゥアルト・ベルンシュタインに代表される，修正主義者と呼ばれる人達が，マルクスの古典的な農民層分解のビジョンがなかなか実現しない，といったことを1つの根拠にしながら，マルクスの理論そのものが間違っている，と批判し始めます．それに対して，前章でも紹介したカール・カウツキーは，1899年に出版された『農業問題』という本の中で，依然として農民は分解し続けており，したがってマルクスの古典的なビジョン

はなお有効である，と主張します．こういった，修正派とカウツキー派の応
酬からなる論争は，世に，修正主義論争と呼ばれています．

　他方でロシアでは，「人民の中へ（ヴ ナロード）」をスローガンに掲げるナ
ロードニキと呼ばれる人達が，ロシアでは農業は資本制化しない，と主張し
ます．そして，ナロードニキは，ロシアでは，農民が家族経営の農民のまま
で，ミールと呼ばれる村落共同体を拠点にしながら，独特な社会主義社会を
展望しうるのだ，と主張します．それに対して，やはり前章で紹介したウラ
ジミール・レーニン達は，いやいやロシアの農村でも農民は分解しており，
そこから資本家と労働者による資本制農業が成長してきているのだ，と主張
します．1899 年に出版された，レーニンによる『ロシアにおける資本主義
の発展』は，こういう主張を裏付けるために，帝政ロシアが作った膨大なゼ
ムストヴォ統計資料を駆使して書かれたものです．こういったロシアにおけ
る論争は，ロシア資本主義論争と呼ばれています．

　以上，駆け足で見てきましたが，どちらの主張が正しかったかは，その後
の歴史経緯の中で明らかです．家族経営の農民は，分解することなく，農民
として，長い期間にわたり存続する，というのが多くの国の現実です．した
がいまして，農業問題は長らく存続し，今日に至っても解決するどころかほ
とんどの国で現存しています．

　しかし，ではこういったドイツやロシアの論争には意味がなかったのか，
と言うと決してそういうわけではありません．農民が農民として存在し続け
る理由，農業で家族経営が残る理由が，こういった論争を通じて，次第に浮
き彫りになってきたからです．そこで，以下，農業が資本制的な企業に向か
ない理由をいくつか紹介したいのですが，そのためには，農業生産の，他の
産業にはない，際立った特徴から述べる必要があります．

農業生産の特徴と家族経営

　農業生産の特徴は，なんといっても，作物や家畜といった，つまり動植物
の生産を目的としている，ということです．そして，第 2 に，動植物の生産

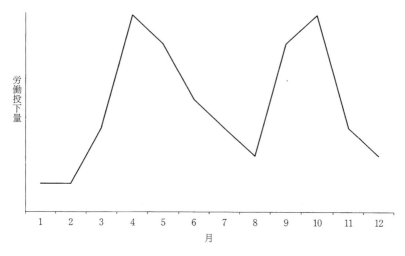

第6-1図　農業における労働投下量

を行うにあたって，土地との結びつきが強く，多くの場合に広大な土地を必要とする，ということです．そして，こういった，農業生産の，他の産業と較べた著しい特徴が，つまり，生物生産であるということと，広大な土地を必要とするということとが，農業生産が資本制的な企業に向かずに，家族経営に向いている，以下に見るいくつかの理由をもたらしています．

　第1に，作物は，それぞれの品種の生物学的な属性として，特有の物質代謝の働きを持っています．例えば，春に作付けして秋に収穫する作物は，人間の都合で勝手に夏に収穫することはできません．そのため，農業生産では，人間が労働している期間と，作物を生産するための期間との間のズレが大きくなります．その結果，家族などが総出で，連日の長時間労働を行わなければならない農繁期があるかと思えば，労働投下量がきわめて少なくなる農閑期があります．第6-1図は，農業における労働投下量を模式的に示したものですが，種播き・植付けの時期と，収穫の時期に2つの労働ピークがあります．そしてそれ以外の時期の労働投下量は少なくなっています．こうしたことは，農業における生産活動が，作物が持つ，生物的な属性によって，基

本的に制約されているからです．そして，こういう状況に柔軟に対応するた
めには，資本制的な企業に雇われている勤務時間の制約がある労働者よりも，
家族労働力の方が向いています．もっとも，労働の繁閑の時期は作物によっ
て異なる場合がありますから，1つの経営の中でうまく作物を組み合わせな
がら，ある作物の繁忙期が別の作物の暇な時期にぶつかるようにして，経営
全体で見てなるべく周年的な仕事量の変動を均すように工夫をすることは可
能ですし，実際にもそういう努力がなされてきました．経営の軸になる基幹
作物に，他の作物を組み合わせる時に，こういうことが考慮されてきたので
す．

　第2に，作物は，圃場に広く分散しながら土地と固く結びついて存在して
いるのですが，ここから，農業では，労働が行われる場＝空間の範囲が広大
で，そのため，経営者が労働者の管理をすることが困難になる，ということ
が生じてきます．そして，経営者が労働者の管理をすることが困難，という
ことは，さらに，生物生産である，ということからも出てきます．つまり，
生物生産であるので，作業をマニュアル化することが難しく，経営者が労働
者の管理をすることがますます困難になってきます．こうしたことから，農
業生産の成否は，働く人のやる気，つまり労働意欲と深く結びつくことにな
ります．そして，労働意欲は，人に雇われている労働者よりも，自分の経営
のために働いている家族労働力の方が一般に高いと言えます．

　ここまで述べたことは，農業生産が資本制的な企業に向いておらずに，む
しろ家族経営の農家の方に向いている理由ですが，これから述べることは，
農業生産が資本制的な企業によって営まれていようが家族経営によって営ま
れていようが，農業生産が持つ，工業生産と較べた不利な条件です．そして，
こうした不利な条件があるために，農業では工業と較べてなかなか企業が順
調に成長しない，ということになります．

農業生産の工業生産と較べた不利な点

　先ほど，作物が，圃場に広く分散しながら土地と固く結びついているとい

うことを，農業生産の特徴の1つとしてあげました．ここから，工業と較べた際の農業にとって不利な条件がいくつか生じてきます．

　1つは，農業が，気象条件の変動にさらされやすい，ということです．反対に，工場で行われる工業では，気象条件の変動にさらされることはほとんどありません．

　2つ目は，農作業は，圃場を移動しながら行わなければならない，ということです．つまり，農業では，労働力が移動するためのコストや労力がかかります．

　3つには，農業では，労働力だけではなくて，道具や機械といった**労働手段**も移動しなくてはなりません．人間が持ち運びできる道具ならまだいいのですが，重たい道具や機械は，荷台や車といった，それなりの運搬・輸送手段が必要です．また，場合によっては，自走式のトラクタやコンバインのように，機械自体が移動手段を持っていることを求められます．このことは，農業機械を，一箇所に固定されている機械と較べて割高なものにします．農業機械が割高である，という話に1つ付け加えますと，農業生産は，作物の生育ステージの影響を強く受けるので，ある種類の農業機械を使うことができる1年の中での期間が短く制限されます．例えば，田植機の使用期間は田植えの時期に制限されています．こうしたことからも，農業機械は，割高なものになるのです．

土地所有が農業発展を抑制することについて

　そのほかに農業生産が工業生産と較べて不利な点として，農業生産では，土地が主な生産手段になっていて広大な土地を必要とする，ということがあります．土地が主な生産手段になっているとなぜ不利なのでしょうか．それは，土地に対しては，地代を払わなければならないからです．農業では，土地所有者に対して多額の地代を払わなくてはならない．これは，工業と較べた農業の不利な点です．このことをもう少し詳しく説明したいと思います．

　以前にリカードの地代論を説明する際に使った第2-1表（22頁）をもう1

度見て下さい．ここでは，A，B，C，D，4種類の同じ面積の土地があって，それぞれの土地に50シリングの資本が投下されています．その結果，生産物，つまり今の場合は小麦が得られるわけですが，得られる生産物の量は土地によって違っていて，それが一番少ないAの土地は1クォータだけですが，一番多いDは4クォータです．なぜ土地によって生産量が違うかと言うと，土地の豊度が違うからでした．農産物価格は，一番豊度の低い最劣等地であるAの土地の生産費を基準としながら決まっていて，投下資本50シリングに10シリングの利潤が上乗せされて，1クォータ当り60シリングです．そして，農産物価格が1クォータ当り60シリングだと，例えば一番豊度の高いDの土地の生産額は4クォータ×60シリングで240シリングになります．この240シリングとAの土地の生産額である60シリングとの差額である180シリングが地代となってDの土地の所有者の懐に入っていきます．そして，B，Cの土地でも同様に地代が発生します．最劣等地のA以外では地代が発生するわけで，地代が発生するB，C，Dのことを，ここでは優等地と表現しているわけです．

　ここまでは以前に述べた差額地代論の復習なのですが，ここからは新しいことです．それは，マルクスが言ったことです．リカードの批判的継承者であるマルクスは，この表の中で，資本投下額が50シリングである，ということを問題にします．これは，なぜ50シリングなのか．100シリングでもいいではないか．社会が発展するということは，技術進歩とともに同じ面積の土地に対する資本投下額が増えるということではないか．ということで，マルクスは，資本投下額が増えた時のことを考えてみます．それが第6-1表です．この表では，資本投下も，生産物も，そして地代も，第2-1表の状態と較べて全て2倍になっています．変わらないのは，この表には現れていませんが，土地の面積と農産物の単価です．農産物のクォータ当り単価は依然として60シリングです．社会が進歩して，資本投下額が2倍になり，同じ面積からとれる農産物も2倍になった，そういうことをこの表は示しています．そして，地代も2倍になったわけです．なお，ここでは，資本投下

第6-1表　差額地代（その2）

土地種類	生産物		資本投下	地代	
	クォータ	シリング		クォータ	シリング
A	2	120	100	0	0
B	4	240	100	2	120
C	6	360	100	4	240
D	8	480	100	6	360
計	20	1,200		12	720

注）A：最劣等地．B, C, D：優等地．

額が2倍になって農産物も2倍になっているのですから，以前に述べた収穫逓減条件は入っていません．さて，単純に全ての数値が2倍になっただけの表を見せられて，なんだこれは，と，唖然としている方がいらっしゃるかもしれませんが，実は，こういう状況が農業における技術進歩を停滞させている，というのです．どうしてでしょうか．

　ここで皆さんに考えていただきたいのは，この表が示している状況のもとで，土地所有者はどのような役割を果たしているのか，ということです．面積が同じで農産物の生産量は2倍になっています．では，生産量の増加に土地所有者はどんな貢献をしたでしょうか．実は何の貢献もしていません．生産量が2倍になったのは，農業経営者が，投下する資本を増やして新しい技術を取り入れたからです．それは，例えば，収穫量の多い新しい作物品種（多収量品種）を採用して，さらに肥料の投下量を増やした，といったことかもしれません．が，それを行ったのは，土地所有者ではなくて，農業経営者です．では，土地所有者はここで何を行っているのでしょうか．

　土地所有者が行っていることは，ただ単に，増加した収穫量の一部を，ちゃっかりと，地代として自分の懐に入れている，ということに過ぎません．つまり，土地所有者は，労せずして，本来は農業経営者の懐に入るべき農業技術進歩のおいしい果実の一部を，自分の懐に入れてしまっているのです．当然，こういう状況は，農業経営者の投資意欲を低下させます．そして，投資の結果の一部が土地所有者の懐に入るわけですから，農業経営者がよりい

第6-2表　差額地代第2形態

土地種類	生産物		資本投下	地代	
	クォータ	シリング		クォータ	シリング
A	1 + 0.5	180	100	0.5	60
B	2	240	50	1.5	180
C	3	360	50	2.5	300
D	4	480	50	3.5	420
計	10.5	1,260		8	960

注1)　A：最劣等地．B, C, D：優等地．
　2)　価格規制的な農産物はAの土地への第2投資50シリングによる0.5クォータ．
　　　その価格は0.5クォータで60シリング．

っそうの投資にあてる資金も，その分減るわけです．こうして，土地所有と地代には，農業発展を押し止める役割があるのです．

　なお，リカードの差額地代論のように，農業における資本投下額を，与えられたものとして前提した，つまり，農業における資本投下額を与件とした差額地代論のことを，マルクスは，以前に述べたように（第2章），差額地代の第1形態論と呼んでいます．それに対して，マルクスは，農業における資本投下額を，与えられたある大きさとせずに，今説明したような，技術進歩にともなう変動量とした差額地代論を展開していますが，そういった差額地代論のことを，差額地代の第2形態論と呼んでいます．なお，今の例では，追加的な投下資本の部分が，従来から存在していた部分と同じ収穫量をもたらすと想定しましたが，通常，差額地代第2形態論では，収穫逓減条件を考慮に入れて，同一の土地に対する追加的な投下資本の部分は，従来から存在している部分と較べてより少ない収穫量をもたらす，と考えます．その場合，価格を規制するのは，最後の投下資本からもたらされる最も生産費の高い農産物です．そうしますと，最劣等地でも，最後の投下資本以外の，より生産費の低い農産物を生産するその他の投下資本からは地代が発生します．

　例えば，第6-2表は，最劣等のAの土地への50シリングの第1資本投下は1クォータの生産物をもたらすけれども，同額の第2資本投下は0.5クォータの生産物をもたらしているにすぎないことを示しています．この場合，

この第2資本投下で得られる農産物が市場における農産物価格を規定しており，その価格は0.5クォータ当りで60シリング（50シリングの投下資本＋10シリングの利潤）になります．そうしますと，Aの土地に対する50シリングの第1資本投下からも60シリングの地代が生じてきます．

なお，マルクスの地代論には，差額地代第1形態論，差額地代第2形態論のほかに，絶対地代論があります．絶対地代というのは，農業への資本投下が，土地所有が障壁となって制限されることによって生じてくる地代です．このような制限があると，農産物の生産量は，それのない場合と較べて減ります．そうすると，農産物に対する社会的な需要が変わらないとしたならば，障壁がない時と較べて農産物価格は高められることになり，農産物に対する資本投下はより収益的になります．こうして増加した収益が，絶対地代として土地所有者の懐に入っていく，と考えるのです．

なお，以前に，リカードの巨視的動態論は，資本制社会の未来に対して，悲観的な見方をしている，と述べました．地代が利潤を食い潰して，社会発展の原動力とも言うべき事業活動への投資が停滞するようになる，リカードはこう考えたのです．そこから，リカードは，農産物価格を引き下げるために，自由貿易の主張を行いました．マルクスも，論理の道筋はリカードとはかなり違いますが，先ほど見たように，土地所有が農業発展を阻害すると論じ，土地所有の役割に否定的な見方をしています．しかし，マルクスは，問題の解決を自由貿易に求めるようなことはせずに，むしろ，土地の私的所有の廃止と土地の国有化という，より革命的な方法に求めます．

家族経営の耐久力

ここまで，さまざまな条件から，農業は，工業と較べて不利になる，ということを見てきました．そして，こういった不利な状況から生じてくる経済的困難に対しても，実は，資本制的な企業よりも，家族経営の農家の方が，強靱な耐久力を持っているのです．この点については，やはりマルクス地代論の中に有名な文章がありますので，引用しておきます．ちょっと難しい文

章ですが，少し我慢してください.

　「分割地農民にとって搾取の制限として現れるのは，一方では，彼が小資本家である限りでは資本の平均利潤ではないし，他方では，彼が土地所有者である限りでは地代の必要ではない. 小資本家としての彼にとっての絶対的制限として現れるのは，本来の費用を差し引いた後に彼が自分自身に支払う賃金以外のなにものでもない. 生産物の価格が彼にこの賃金を償う限り，彼は自分の土地を耕作するであろうし，しばしば，賃金が肉体的最低限界に下がるまでそうするであろう.」（『資本論』第3巻第47章第5節，新日本出版社，1,407頁）.

　以下で，この文章の解説をします. まず，ここで分割地農民と言っているのは，単純に我々が通常見慣れている農民と考えていただいて結構です. 分割地農民というのは，自分の土地を持っていて，その土地の上で，家族で仕事をしている. 自分の土地で働きながら農業経営を行っている農民です. したがって，ある意味では，分割地農民は，労働者，土地所有者，資本家を，一身に兼ね備えた存在です. こういった，3つの階級の機能をすべて兼ね備えた存在なので，本来ならば，農民は，それぞれの機能に応じて所得を要求することができるはずです. すなわち，農民は，労働者としての資格で賃金を要求し，経営者・資本家としての資格で利潤を要求し，土地所有者としての資格で地代を要求することができるはずです. ところが，農民は，これら3種類の所得が全て懐に入らなくても，農業を続けることができます. なぜならば，農民は，自分が生活していくうえで最低限必要な，賃金部分さえとりあえず確保することができれば，生活を続けることができるからです. こうして，農民は，本来得るはずの所得よりもかなり低い所得に耐えながら農業生産を続けることができる. だから，農民は，経済的困難に対するたくましさ，すなわち強靭な耐久力を持っているのです.

　資本制農業では，事はこれほど簡単ではありません. 資本家・経営者は，

労働者を雇っています。労働者に対しては賃金を払わなければなりません。しかし，資本家・経営者は賃金を払っただけで満足するわけにはいきません。資本家・経営者は，自分の所得として，自分が投下した資本に対する利潤を上げることができなければ，経営を続ける意味がありません。あるいは，場合によっては，利潤に加えて自分の経営者としての労働に対して賃金を要求するでしょう。そして，資本制農業が，もしも借地，すなわち借りた土地の上で行われているとするならば，資本家・経営者は，賃金の他に，さらに，土地所有者に対して，地代も払わなければなりません。つまり，賃金，地代を払ったうえで，さらに利潤プラス場合によっては自己労働への報酬が得られなければ，経営を続ける意味がないのです。こういったことから，資本制農業は，農民のような，経済的困難の中でもどっこい粘り強く生き続ける耐久力は，持ってはいない，ということになります。

　以上，この章では，農業問題は，農業が資本制的な企業によって営まれることになかなかならないことにともなう諸問題として，歴史的には19世紀の終わり頃から20世紀の初めにかけて，主に社会主義運動の中で認識されてきたこと。そして，その中で，資本制農業と較べた家族経営の農業のたくましさ，強靭な耐久力が浮き彫りになってきたことを述べました。次章ではシェーレについて詳しい説明を行います。

参考文献

アントーノフ, B. (1965)『ロシア革命の先駆者たち』大月書店（内村有三訳）.
七戸長生（1988）『日本農業の経営問題』北海道大学図書刊行会.

補論 4　労働手段，労働対象，生産手段

　ここで，この 3 つの言葉について解説します．まず，労働過程は，労働手段と労働対象に，さらに労働を加えた，3 つの要素から成っています．そしてこれら 3 つの要素の関係ですが，労働する人間は，労働手段を通して労働対象に働きかける，こういう関係にあります．つまり，労働手段とは，労働する人間が労働対象に対して働きかける際の，いわば媒介物なのです．より具体的には，労働する際に使う道具，機械といったものが労働手段です．そして，労働手段と労働対象とをひっくるめたものを生産手段と言います．

　なお，農業生産における土地は，状況によって労働手段であったり労働対象であったりします．例えば，農民がトラクタで土地を耕す時には，農民は，トラクタを使って土地に対して働きかけているわけですから，ここでは，トラクタが労働手段で，土地が労働対象です．ところが，場面を変えて，農民が土地を使って，その上で作物を栽培している，という状況を考えますと，この場合には，農民は，土地を通じて作物に対し働きかけているわけですから，土地が労働手段で，労働対象は作物です．

　このように，あるものが労働手段であるのか，それとも労働対象であるのかは，労働過程における相対的な位置関係によって決まるので，労働手段と労働対象の区別は，絶対的，固定的なものではありません．

第7章
シェーレと社会構成体

シェーレ

19世紀から20世紀への変わり目の頃には，工業の世界では，19世紀後半の技術発展を背景に，すでに，独占体と呼ばれる大企業やその集合体が成立していました．こういった大企業に囲まれている状況は，家族経営中心の農業にとって，はなはだ不利なものでした．第5章で，その代表的な1例として，シェーレと呼ばれる事象を紹介しました．シェーレとは，大企業の工業製品は，利潤を上乗せしてある程度は人為的に価格を高くすることができるが，家族経営の農産物は，反対に安く買い叩かれてしまう，ということでした．

そこで，この章では，このシェーレについてもう少し詳しく説明したいと思います．シェーレについて説明するには，**需要曲線**，**供給曲線**の話から始めなくてはなりません．

需給曲線と均衡価格

まず需要曲線から始めることにしましょう．一般に広く認められることですが，人々が買いたいと思う商品の量は，その商品の価格に依存しています．商品の価格が高ければ，人々がそれを買おうとする量は少なくなり，反対に，価格が安ければ，商品は多く需要されます．

こういう価格と需要量の関係を示したのが第7-1表に例示した需要表で

第7-1表　需要表

価格 (円／個)	需要量 (万個／月)
100	200
200	150
300	120
400	100
500	90

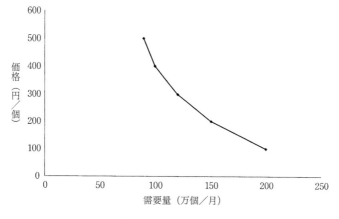

第7-1図　需要曲線

す．この表の数値は実測によるものではなくて，この講義のために作ったものです．例えば，ある商品の価格が1個500円の時には社会の中に1か月当り90万個の需要があります．しかし，価格が100円に下がると，200万個の需要に増えます．そして，需要表を第7-1図のような図で示したものが需要曲線です．需要曲線はこのように右にいくにしたがって下がっています．右にいくにつれて下がっているのは，価格が下がると商品がよく売れるようになるからです．

　次に，需要曲線から供給曲線に移ります．まず，第7-2表は供給表です．第7-2図は供給表を図にしたもので，供給曲線を示しています．供給曲線は需要曲線とは反対に右上がりになっています．つまり，価格が上がると生

第7-2表　供給表

価格 （円／個）	供給量 （万個／月）
100	0
200	70
300	120
400	160
500	180

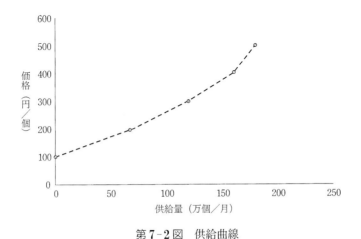

第7-2図　供給曲線

産者達の生産意欲が高まって，生産量が増えます．

　第7-3図は需要曲線と供給曲線を1つの図の上に示したものですが，こ
れを使いながら，均衡価格がどのように決まるかを説明しましょう．例えば，
商品が1個500円で売られるならば，この商品の生産者達は，1か月に180
万個を市場に供給します．しかし，消費者達が需要する量は90万個しかあ
りません．そのため，生産者達には売れ残りの在庫が生じてきます．そして
売れ残りが出てくると，売り手である生産者達は販路を拡大するために価格
を下げることを余儀なくされます．その結果，商品価格は下がっていきます．
どこまで下がるかというと，社会の中での需要量と供給量が等しくなる点で
す．需要量と供給量が等しい時の価格が均衡価格です．つまり均衡価格は，

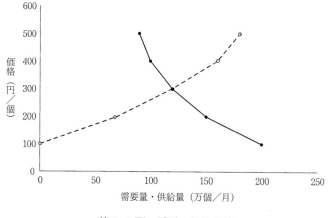

第7-3図　需要・供給曲線

需要と供給の関係で決まる価格です．しかし，注意してもらいたいのは，需要と供給の関係は，需要と供給が一致している際の，均衡価格の水準そのものを説明してはいない，ということです．この場合，均衡価格は300円ですが，ではなぜ，均衡価格は100円や400円ではないのか．こういうことを需要と供給の関係は説明することができません．ここで登場してくる考え方の1つが労働価値説です．労働価値説のものの考え方では，この均衡価格を決めるのは，商品を生産するのに，社会的平均的に必要な労働量です．

完全競争市場下での生産量の決定

　ところで，今説明した需要と供給と均衡価格の話は，実は，ある特定の市場の状態を想定しています．それは，**完全競争市場**です．完全競争市場は次のように定義されます．すなわち，特定の生産者が価格に対して何の支配力も持たない状態です．これを，個々の生産者が第7-4図のような水平な需要曲線と直面している状態，と言い換えることができます．先ほど，社会全体の需要曲線は右下がりだ，と言いましたが，完全競争市場の下では，個々の生産者は価格に対する支配力を持たないので，個人的には水平の需要曲線と直面しているのです．個々の生産者がいくら生産量を増減させても，価格

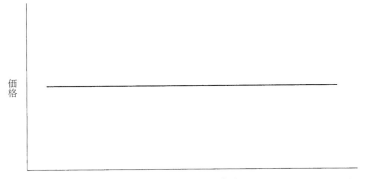

第7-4図　完全競争下での生産者に対する需要

第7-3表　限界費用

産出量	総費用(TC)	限界費用(MC)
(ロット)	(万円)	(万円)
0	55	
1	85	30
2	110	25
3	130	20
4	160	30
5	210	50

を変化させることはできません．一般に，農産物市場は，そこに国家が介入しない場合には完全競争市場に近く，そのため農業経営者は水平の需要曲線と直面している，とされています．

　次に，完全競争市場を前提にしながら，生産者が自分の生産量をどのように決めるかを見てみます．その場合，**限界費用**という概念を新たに紹介しなくてはなりません．限界費用とは，追加的な1ロット[7]の商品を生産するのに要する追加的な費用のことです．例えば，第7-3表で，商品5ロットを

---

7)　同一仕様の商品を生産単位としてまとめた数量のこと．

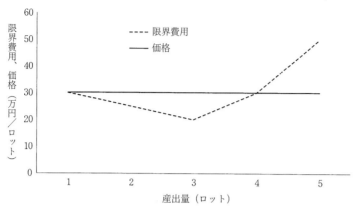

第7-5図　限界費用と価格

生産するのに要する総費用210万円から4ロットを生産するのに要する総費用160万円を差し引いた50万円が限界費用です．第7-5図の点線は限界費用曲線を示していますが，それは，結局は右上がりになります．限界費用曲線が右上がりになるのは，ここに，以前に説明した収穫逓減条件が効いているからです．つまり，例えば土地の面積を固定しながら労働力などの他の生産要素の投入を増やしても，その限界生産性は徐々に下がっていきます．

　この場合，生産者は，図の中で実線で示してある販売価格が，限界費用と等しい点，すなわちだいたい4ロットの生産を行います．なぜかというと，この，価格＝限界費用の点で生産者の利潤が最大になるからです．ここで利潤は，生産者が商品を売って受け取る収入合計と，その商品を生産するのに要した費用合計との差額です．限界費用が商品の価格よりも低い，価格＞限界費用のところでは，生産者が生産量を増やすと，それとともに利潤も増加します．そして，利潤は，これ以上生産量を増やしても，もはや利潤が増えないというところで最大になります．それが，今述べた，価格＝限界費用の点なのです．この点を越えて生産者が生産量を増やすと，今度は価格＜限界費用となり，利潤は減少します．

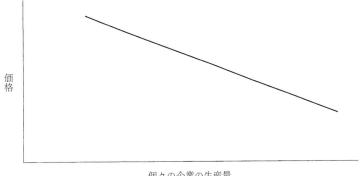

第7-6図　不完全競争下での企業に対する需要

不完全競争市場下での利潤最大化

　ところが，大企業の工業製品の市場は，今見た完全競争市場ではありません．それは完全ではないので，**不完全競争市場**と呼ばれます．不完全競争市場における価格や生産量の決まり方は，完全競争市場の場合とは違います．まず，不完全競争市場の生産者は，企業の規模が大きいので，市場で形成される価格に対してある程度の影響力を持っています．個々の企業の生産量が多いか少ないかで価格が変化するのです．こういう状態を，個々の企業が，それぞれ，第7-6図のような，右下がりの需要曲線に直面している，と言い換えることもできます．

　そこで，次に，こういう需要曲線に直面する企業が，自分の利潤を最大化するためにどのような行動をとるかを見てみます．

　第7-4表で，企業による生産量は1番左の列です．この場合，企業は右下がりの需要曲線と直面しているので，生産物の価格（2列目）は，生産量が増加するとともに低下していきます．総収入（3列目）は「価格×数量」です．生産に要する総費用（4列目）は，生産の増加とともに増加しますが，ここでも，先ほどの完全競争市場の場合と同様に収穫逓減条件にしたがっており，追加生産量当りの追加費用，すなわち限界費用（1番右の列）は，あ

第7-4表　大企業の最大利潤

生産量 (ロット)	価格 (P) (億円)	総収入 (TR) (億円)	総費用 (TC) (億円)	利潤 (P) (億円)	限界収入 (MR) (億円)	限界費用 (MC) (億円)	
0	200	0	145	−145			
1	180	180	175	5	180	30	
2	160	320	200	120	140	25	
3	140	420	220	200	100	20	
4	120	480	250	230	60	30	
5	100	500	300	200	20	50	(MR=MC)
6	80	480	370	110	−20	70	
7	60	420	460	−40	−60	90	
8	40	320	570	−250	−100	110	

るところから増加する，と想定しています．この表では，生産量が3ロット
から4ロットに増えるところで限界費用が増加に転じています．総収入と総
費用の差額が利潤（右から3列目）です．この場合も，企業は利潤が最大に
なる点で生産を行いますが，それは生産量が4ロットのところです．

　なお，この表で，生産量が0の時にも費用がかかるのはなぜかという疑問
が生じてくるかもしれませんが，これは，生産量と関わりなく一定額の費用
がかかるからです．それを，固定費と言います．機械や建物など固定資産の
減価償却費や，借入金の利子などです．それに対して，生産量とともに増
加する費用のことを変動費と言います．ただし，あるものが変動費であるの
か，それとも固定費であるのかは，時間軸をどう取るかによって変化します．
長い時間にわたって生産の増加が継続して，機械や建物の増設が必要になっ
てくると，固定費と考えられていたものも変動費として考える必要が生じて
きます．このように，固定費と変動費の区別がなくなる期間のことを**長期**と
言う場合があります．それに対して，固定費と変動費の区別が必要な期間の
ことを**短期**と言う場合があります．

　こういった利潤が最大になる点には，どのような特徴があるかを次に見て
みます．まず，利潤が最大になる点では，限界費用と，追加生産量当りの収
入である**限界収入**（右から2列目）がほぼ等しくなっています．限界収入と

いうのは今新しく出てきた概念です．それは，追加生産量当りの収入のことで，例えば，商品5ロットを販売して得られる500億円から4ロットを販売して得られる480億円を差し引いて得られる20億円が限界収入です．利潤が最大になる点では，この限界収入と限界費用がほぼ等しくなっています．限界収入＞限界費用のところでは，企業は生産量を増やすことによって利潤を増やすことができます．反対に，限界収入＜限界費用のところでは，企業は生産量を増やすと利潤を減らすことになります．ですから，企業は，限界収入＝限界費用のところで生産量を増やすことを止めるのです．

独占利潤，独占価格，独占体

　ところで，先ほど完全競争市場の説明を行った際に，生産者は限界費用と価格が等しいところで生産を行う，と述べました．仮に，この説明を今の場合にそのまま持ってくるとどうなるでしょうか．そうしますと，この大企業では，生産量がだいたい6ロットのところで限界費用と価格が等しくなります．その場合の1ロット当りの価格は80億円です．

　つまり，この大企業は，完全競争市場の場合には6ロットの生産を行うところを，実際には利潤の最大化を狙って4ロットしか生産しないので，生産量の制限，つまり供給制限を行っている，と考えることができます．そして，このような供給制限によって，商品の価格を吊り上げていると考えることができます．完全競争市場の場合には1ロット当り80億円である商品の価格を，120億円に吊り上げているのです．そしてこうやって供給制限を行い，商品の価格を吊り上げることによって，この企業の利潤は増えています．生産量を6ロットとすると利潤は110億円ですが，生産量を4ロットに制限すると，利潤は230億円になります．この230億円と110億円の差額である120億円が**独占利潤**です．そして吊り上げられた価格が**独占価格**です．

　つまり，不完全競争市場における大企業にとっては，供給制限によって独占価格を設定しながら独占利潤を得るのが合理的なのです．なお，今の例では，大企業は，単独の，1つの企業と考えていましたが，実際にはいくつか

の大企業が寄り集まった集合体が生産量の決定について統一的な意思の下に行動することがあります．同じ商品を作っている複数の企業が相談して協定を結んで生産量を決定することを**カルテル**と言います．そして，複数の独立した企業が融合して単一の企業になった状態を**トラスト**と言います．独占価格を設定する企業やその集合体が独占体です．

　以上で，大企業の工業製品では，独占利潤を上乗せして，価格をある程度は人為的に高くすることができる，ということの説明を終えます．ただし，シェーレという現象にはこのほかにもいろいろな面があります．例えば，家族経営の農産物は安く買い叩かれてしまうのはなぜか，という問題．さらに，労働価値説との関係，つまり，大企業の独占利潤と安い農産物価格が存在することをどう労働価値説と矛盾なく説明することができるかという問題などです．こういった問題についてご関心がある方は，まずは，参考文献（ヒルファーディング）にあたって勉強することをお勧めします．

シェーレへの対応

　さて，こういうシェーレによって不利な状況に置かれた農民は，一体，どうしたらいいのでしょうか．実際には，農民は，自分達を農業協同組合などに組織して，団結しながら独占体に対抗してきました．また，政府は，不利な状況に置かれた農民に対して，どうやって政策的に対応してきたでしょうか．政府は，一方では，農民を価格保障や所得補償を通じて保護し，また他方では，農民層の分解を政策的に進めて，農業も，大企業とまではいかなくても，少なくとも大規模経営，可能であるならば資本制的な経営によって営まれる状態に持っていこうとしました．ただ，すでに工業で大企業ができあがってしまっていると，第1に，農民は，シェーレによって苦しめられるので，農業が資本制化することは，よりいっそう困難になります．また，仮に，農業が資本制化したとしても，おそらくは，規模の大きい工業の企業と較べた農業経営の劣位はなかなか挽回することはできないでしょう．

　ということで，農業問題というのは，もともとは農業が資本制的な企業に

よって営まれないことから生じてきた諸問題であったのですが，工業の世界
ですでに大企業ができあがってしまった 20 世紀以降は，仮にこのような農
業問題を解決したとしても，農業生産を規模の小さい資本制的な企業によっ
て営まれるようにするぐらいでは，農業の工業に対する不利はなかなか挽回
できないようになってしまっているのです．

20 世紀以降の先進国経済の構造と農業市場論

　ところで，こうした農業問題を意識しながら先進国経済内部の状況を，あ
るいは世界経済全体の状況についても同じことが言えるのですが，ちょっと
高い視点から俯瞰して全体の構造を見てみますと，ややグロテスクな状況が
浮かび上がってきます．つまり，一方には，大企業による工業などの近代産
業があり，他方には，依然として家族経営による，大企業と較べると非常に
小さな規模の経営によって営まれている農業があります．両者の経済的な力
量の差，そしてそれを基盤とした政治的な力量の差は，残念ながら歴然とし
ているように見えます．

　なお，これから使う言葉のことを述べますと，工業・商業などの，大企業
中心に事業活動が営まれている産業分野全体[8]のことを，以下では**資本制セ
クター**と呼ぶことにします．それに対して，家族経営的な農業分野のことを，
以下では，**農民セクター**と呼ぶことにします．

　20 世紀以降の先進国経済内部の状況，あるいは世界経済の状況を見ると，
この 2 つのセクターが，今述べたように相並んで存在している様相が見えて
きます．しかし，資本制セクターと農民セクターとは，全く没交渉に，お互
い無関係に併存しているわけでは，もちろんありません．それどころか，2
つのセクターは，相互に強く結びついています．どのように結びついている
かと言いますと，市場を通じて結びついているのです．ここから，資本制セ
クターと農民セクターとを結ぶ**5 つの市場**，というものの考え方が出てきま

---

8)　工業や商業にも中小企業は存在しますが，それらは多くの場合に大企業の傘下に組
み込まれており，事実上はその外業部となっています．

す．つまり，2つのセクターは，農産物市場，農家購買品市場，金融市場，労働市場，土地市場の5つの市場を通じてお互いに結びつきながら影響を与え合っているというのです．

農業経済学という学問は，資本制セクターと農民セクターとの，市場を通じた関係の学である，と提案されたのは，東京農工大学の前身の1つである東京高等農林学校に教授としていらっしゃったことがある，近藤康男先生です．1932年に出版された『農業経済論』という本の中でです．

近藤先生のお考えをさらに発展させて先ほど述べた5つの市場，という考え方を提案されたのは，北海道大学で教鞭をとっておられた川村琢先生です．ここに，これら5つの市場を対象とする学問として，**農業市場論**が，農業経済学の中で1つの領域として確立したわけです．つまり，それまでは，市場論と言いますと，商業システム論とかマーケティング論が中心であったのですが，川村先生は，今述べたような，資本制社会における農民という観点から農業市場論を体系化する道を開かれました．

接合（articulation）

ところで，こういった5つの市場を通じた農民セクターと資本制セクターの結びつきをまとめて表現する言葉として，「**接合**」という言葉があります．「接合」というのは，英語の articulation という言葉が社会科学で使われる際の訳語として，今日，使われているものです．

しかし社会科学でアーティキュレーションという言葉が最初に使われ出したのは，実はフランスで，研究分野は途上国の研究でした．時期は1970年代です．フランスで使われ出した言葉なので，英語風にアーティキュレーションと発音せずに，むしろフランス語風にアーティキュラシオンと発音したほうが良いのかもしれません．ところで，アーティキュレーションという言葉は，社会科学以外でも，解剖学，植物学，言語学でも使われる言葉のようでして，自然科学では，動物や植物の関節を表しています．そういった，さまざまな学問で昔から使われていた言葉が，70年代に，社会科学でも使わ

れるようになってきたのです.

　ここで,「接合」という言葉が社会科学で使われる際の定義を2つ紹介します. ちょっと難しい文章ですが, ご容赦願います. 1つは, 毛利健三先生の定義です.

　それは,

　　「『接合理論』を, かりに, 異なる生産様式の共存と相互の働きかけの態様, および, そこから生じる独特の緊張関係と変容を構造的に解明する仮説と理解しておきたい.」

というものです.

　ここでは, 単なる「接合」ではなくて, 理論という言葉が後ろについて「接合」が理論に昇格しています.「接合」という概念を使って, いろいろな事象を解明しようという意気込みが, そこには感じられると思います. では,「接合理論」を使って何を解明しようとしているのでしょうか. それは,「異なる生産様式の共存と相互の働きかけの態様」, です. ここに, **生産様式**というあまり聞き慣れない言葉が出てきます. この言葉には, 生産力と生産関係との弁証法的統一, という定義がありますが, ここでは簡単に, 先ほど紹介した, 農民セクターや資本制セクターのことを生産様式と言う, とご理解いただきたいと思います. つまり, 農民セクターと資本制セクターは, それぞれが1つの生産様式です. その, 農民セクターや資本制セクターの関係は,「共存と相互の働きかけ」だ, と毛利先生はおっしゃっています. こういった毛利先生の定義は, 農民セクターと資本制セクターの関係を, わりと対等平等な関係として見ているな, という印象を, 読む者に与えるように思います.

　次に紹介する「接合」の定義は, 山崎カヲル先生のものです. 山崎先生と毛利先生の, 両者の定義のニュアンスの違いを感じとっていただきたいと思います.

「ある所与の社会は複数の生産様式によって構成されており，その生産様式の1つが支配的なものとして，他のものを下属させている……．これら生産様式はそれゆえ支配的なものを中軸として関係し合っており，その関係を接合と呼ぶ．つまり，社会という実在は，諸生産様式の接合からなる」．

よろしいでしょうか．ここにも生産様式という言葉がでてきますが，前と同じように農民セクターや資本制セクターのことをまとめて表現している．そうご理解ください．この山崎先生の定義で，毛利先生の定義と大きく違っている点はどこでしょうか．毛利先生の定義では，農民セクターと資本制セクターの関係を，先ほど見たようにわりと対等平等な関係として見ていたのに対して，山崎先生の定義では，「生産様式の1つが支配的なものとして，他のものを下属させている」だとか，「生産様式は支配的なものを中軸として関係し合っている」といった表現に見られるように，異なるセクター間の関係を，優劣関係，言い換えるならば，支配・従属関係にあるものと見ています．

従属学派

このように，異なるセクター間，あるいは生産様式間の関係を，支配・従属関係という視点から捉えようとすると，これはもはや「接合」などという婉曲的な表現ではなくて，直接に支配・従属と表現した方がよい，という考え方が出てきて当然です．いわゆる従属学派と呼ばれる人達の考え方です．従属学派が登場してきた時期は，「接合」と同様に1970年代なのですが，従属学派が考えようとした問題の1つは，先進国に本拠地がある資本制セクターの多国籍企業と，途上国の農民セクターの関係が織り成す問題です．多国籍企業というのは先進国に本拠地がある大企業ですが，世界中に支店や工場を持っていて，国境を跨る複数の場所を舞台にしながら活動しています．そういう企業の事業活動が，70年代に，途上国でも目立つようになってきた

のです．筆者は，ここまでさかんに大企業，大企業と述べてきましたが，個々の大企業の活動が全地球的規模にまで広がってきたのです．それが70年代です．そして，そういった多国籍企業が，途上国の農民と関わりを持つようになってきたのです．

　従属学派のアンドレ・グンデル・フランクは，1975年に出版された，『世界資本主義と低開発』の中で，先進国が途上国の農村開発を行っても，それは，途上国の農民セクターなどの非資本制セクターを従属的状態に置きながら行っている．だから，開発の結果として生じてくるものは，途上国の農村の発展・開発などと言えるものではなくて，むしろ，いつまでも途上国が低開発の状態に押し留められていることだ，と言っています．そして，こうしてもたらされる途上国農村の慢性的な停滞の状態を，「低開発の開発（発展）」（development of underdevelopment）という有名なフレーズで表現しました．

　まとめますと，農民セクターと資本制セクターとは，5つの市場を通じてお互いに結びついています．しかし，その結びつき方の捉え方には，論者によってややニュアンスの違いがありました．農民セクターと資本制セクターとの結びつきを，「接合」という概念で捉えようとする場合には，どちらかというと，農民セクターと資本制セクターとの関係を対等・平等なものとして見ようという観点があったと思います．そして，その対極にあるのは従属学派です．従属学派は，資本制セクターと農民セクターとの関係を，支配・従属関係と見ていたわけです．こういうニュアンスの違いは，捉えようとする問題によって異なってくると思います．ここでは，やや折衷的ですが，支配・従属関係も含めて「接合」という概念で捉えたいと思います．先ほど山崎カヲル先生が「接合」という概念の中に支配・従属関係も含めている，と紹介しましたが，それと，ここでの立場は，同じということです．

社会構成体
　こうして，資本制セクターと農民セクターとは，5つの市場を通じて「接

合」しています．そして，「接合」しながら，おおむね，1つの全体経済を
形作っています．なお，この全体経済の中には，農民セクターだけではなく
て，その他にも，漁民セクターや，小商店セクターといった，資本制セクタ
ー以外のいくつかのセクターが入っています．これらを，資本制セクター以
外のセクターということで，すでに言葉が出てきましたが，ひっくるめて非
資本制セクターと言うことにしましょう．非資本制セクターの代表格が，農
民セクターです．

　ある社会は，資本制セクターと非資本制セクターとが「接合」しながら作
り上げている全体です．この場合，社会を，いくつかのセクターがくっつい
て，「接合」しながら成り立っているものとして捉えているわけです．そし
てそういった観点から捉えた社会を，私達は，普通，**社会構成体**と呼んでい
ます．社会構成体では，社会を，いくつかのセクターがくっついて成り立っ
ているものと考えているのです．ロシア革命の指導者であるレーニンは，ウ
クラードという言葉を使いましたが，ウクラードとは社会構成体を形作って
いる個々のセクター（生産様式）のことです．資本制セクターと，農民セク
ターを代表格とする非資本制セクターとは，5つの市場を通じて「接合」し
ながら，1つの全体，つまり社会構成体を形作っているのです[9]．

　この章では，シェーレという事象について説明しました．そして，農民セ
クターに代表される非資本制セクターと資本制セクターとがくっついて，す
なわち「接合」しながら，1つの全体社会を作っていること．そしてそうや
ってできている社会が社会構成体であることを述べました．

参考文献
近藤康男（1932）『農業経済論』農文協．
ヒルファーディング，L.（1910）『金融資本論』岩波文庫（岡崎次郎訳）．
フランク，A.（1975）『世界資本主義と低開発』柘植書房（大崎正治ほか訳）．
マルクス，K.（1849／1865）『賃労働と資本／賃金・価格・利潤』光文社古典新訳文庫

　9）　漁民や小商店の場合は，農産物ではなくてそれぞれの商品を売っていることは言う
　　　までもありません．

（森田成也訳）.
マンキュー, N. (1998)『マンキュー経済学』東洋経済新報社（足立英之ほか訳）.
毛利健三 (1978)『自由貿易帝国主義』東京大学出版会.
山崎カヲル (1980)「生産様式の接合と帝国主義の理論」『季刊クライシス』第 5 号.
レーニン, V. I. (1917)『帝国主義論』光文社古典新訳文庫（角田安正訳）.

第8章
資本制社会の基本矛盾と農業

ローザ・ルクセンブルク

　資本制セクターと農民セクターに代表される非資本制セクターとは，5つの市場を通じて「接合」しながら，1つの全体，すなわち社会構成体を形作っています．この章では，この「接合」の在り方について，さらに具体的に考えてみたいと思います．

　この問題を考えるにあたってここで参考にしたいのは，ローザ・ルクセンブルク（1870‐1919）の学説です．ルクセンブルクは，20世紀の前半にドイツで活躍した，女性の政治家であり，経済学者です．しかし，彼女が生まれたのはポーランドです．ポーランドは，大国であるロシアとドイツの間に挟まれた小国です．そのため，ポーランドの歴史は，これら2つの国から圧迫を受け続けた歴史だと言うことができます．これから説明するように，ルクセンブルクの理論には，大国が小国を圧迫する状況を説明しようとするものがありますが，このことは，ルクセンブルクの生い立ちと無関係ではないと思います．

　ルクセンブルクの主な著作に，『資本蓄積論』があります．これは，1913年にドイツで出版された本ですが，日本でも翻訳本が出ています．日本で最初の訳本は，28年に同人社が出しています．その後，青木書店などが文庫本としたこともありました．訳本は，近年，長らく絶版になっていましたが，2010年代に入って，御茶の水書房が新訳を出していますから，今は，簡単

に訳本を手に入れることができます．なお，ルクセンブルクの理論は，前章で紹介した，東京農工大学と縁のある近藤康男先生が，これまた前章で紹介した『農業経済論』という本の中で，たいへん重視しながら紹介しています．そういう意味では，ルクセンブルクは，東京農工大学の農業経済学研究とも，浅からぬ因縁のある政治家・経済学者ということになろうかと思います．

　では，『資本蓄積論』にはどのようなことが書かれているのでしょうか．

　ルクセンブルクが資本制セクターを分析する際の基本的な姿勢は，この本の最後の方に書かれている1つの文章の中に集約されていると思います．ちょっと長いですが，大事な文章なので，ここで紹介したいと思います．

　　「資本制社会は，普及力を持った最初の経済形態であり，世界に拡がって他のすべての経済形態を駆逐する傾向をもった，他の経済形態の併存を許さない，一形態である．だが同時にそれは，独りでは・その環境およびその培養土としての他の経済形態なしには・実存しえない最初の形態である．すなわちそれは，世界形態たろうとする傾向をもつと同時に，その内部的不可能性の故に生産の世界形態たりえない最初の形態である．それは，それ自身において一個の生きた歴史的矛盾であり，その蓄積運動は，矛盾の表現であり，矛盾のたえざる解決であると同時に強大化である．」(568-569頁)

　前章で紹介した毛利健三先生や山崎カヲル先生の文章と同様に，ちょっと難しい文章ですね．この文章に，どこから取り組んだらいいか悩ましいところですが，終わりの方にある，資本制社会は「一個の生きた歴史的矛盾である」，というあたりから入っていきたいと思います．では，資本制社会の矛盾，とは一体何でしょうか．それは，この文章の中には書いてありません．そこで，一般に，**資本制社会の基本的な矛盾**としてどのようなことが言われているか，ということを考えてみたいと思います．

生産と消費の矛盾

　資本制社会には基本的な矛盾があると言っている人達は，一般に，この社会に，大きく分けて2つの矛盾を見ています．なお，今，「資本制社会には矛盾があると言っている人達は」と，少し含みのある言い方をしたのは，資本制社会の基本的な矛盾の存在を認めない人達もいるからです．

　資本制社会の基本的な矛盾として認められているものの1つは，生産と消費の矛盾，と言われているものです．資本制社会の1つの大きな特徴は，工業を中心に，社会の中で生産されるものの量が増加する，たゆみない傾向を持っている，ということです．ルクセンブルクの本のタイトルの中に，資本蓄積という言葉が含まれていますが，この，資本蓄積というのは，まさに，資本制社会では，商品の生産が拡大する傾向がある，ということを表現しています．資本制社会の中では，資本家・経営者が，商品を生産するために投下する資本を増やしながら，生産の規模をドンドン大きくする傾向があるのです．しかし，一体何のために生産を拡大するというのでしょうか．商品の生産は，結局のところは，全く当然のことながら，人々の最終的な消費，あるいは人々の需要を目的に行われるものでなくてはなりません．人々の最終的な消費，あるいは需要がなければ，商品の生産を続けることには意味がありませんし，何より需要がなければ生産を続けることはできません．

　そして，実は，このことから，生産と消費の矛盾，が生じてきます．なぜならば，資本制社会で商品を生産する活動は，最終的な消費という本来の目的から離れて企業の利潤をできるだけ増やすことを目的に行われるために，工業を中心に，一方ではドンドン大きくなる不断の傾向を持っている．しかし，資本制社会で商品を生産する活動は，結局のところ人々の消費に条件づけられ，制約されているのです．

セーの法則

　しかし，この場合，もしも，商品を生産することと，それを消費することとが，ほぼ同じような調子で増加していくとするならば，そこには，何ら問

題はないわけです．実際，そういうことを主張した経済学者達もおります．そういった経済学者達の先駆けに，18 世紀から 19 世紀の変わり目の時期に活躍した，ジャン・バティスト・セー（1767-1832）がいます．セーは，**セーの法則**，として知られる**販路説**を唱えました．セーの販路説とは，生産は，必然的にそれに見合う需要を生み出すのだ，という主張です．つまり，セーによると，生産が需要を生み出すのですから，消費に対して過剰な生産というものは，そもそも存在しません．そこには生産と消費の矛盾は最初からないのです．

　では，セーはなぜこのようなことを言ったのでしょうか．セーは，商品が売れる，とは本を正すとどういうことなのか，と考えたのです．セーによると，商品が売れるということは，その反対に買うことをともなうはずだというのです．例えば，「A⇔B」をAとBの売買を表しているとすると，AからBへの商品の販売「A→B」は，それと反対方向のAによるBの商品の購買「A←B」をともなっているはずだと言うのです．これはAとBの関係ですが，こういうことが社会全体で行われていると，社会全体で見ても，販売と購買，すなわち売ることと買うこととは，量的に釣り合うはずだというのです．

　では，セーの法則のおかしなところは一体どこにあるのでしょうか．実は，セーの法則があてはまるのは，物々交換の世界なのです．物々交換では，確かに，ものを売ることと，買うこととは，同じ過程を売り手と買い手の別々の観点から立場を変えて見ているにすぎません．ですから，物々交換では，確かに，販売＝購買なのです．しかし，実際の商品流通はこれとは違います．

　実際の商品流通では，貨幣，つまりお金が間に入ります．すなわち実際の商品流通では，商品を持っている人は，まず，貨幣＝お金と自分の持っている商品Cを交換します（商品C⇔貨幣G）．これがつまり販売です．続いてこの人は，手に入れた貨幣を，今度は自分が欲しい商品と交換します（貨幣G⇔商品D）．これがつまり購買です．ですから，商品流通の中に貨幣が入ってくると，物々交換のように販売と購買は 1 つの過程の 2 つの側面だとは

言えなくなります．実際の商品流通では，販売と購買は，それぞれ別々の 2
つの過程に分裂するのです．セーが言ったように，売ることと買うことは同
じだから，作った商品は必ず売れる，ということは，貨幣が間に入ってくる
と，言えないのです．実際，自分の商品を売って手に入れた貨幣を，ものを
買うために使わないでため込む，ということはありうることです．

　ところで，こういうセーの法則の奇妙さは，言われてみれば至極当たり前
のことのように思えます．つまり，商品流通の中に貨幣が入ってくると，販
売と購買が 2 つの過程に分かれるのは当たり前のことです．しかし，この点
を指摘しながらセーの法則の奇妙さを暴くのに，人類の知性は，実に，半世
紀の時を必要としました．セーの法則をこのように批判したのは，以前にも
紹介したことがある，カール・マルクスです．セーを批判したのはマルクス
だけではありません．ジョン・メイナード・ケインズ（1883-1946）という
有名な経済学者をご存じの方も多いと思いますが，そのケインズは，実に
1930 年代になっても，まだ，セーの法則を真剣に批判しています．という
ことは，セーの法則，あるいはこうしたセー的なものの考え方が，100 年以
上経たケインズの時代にも，まだ社会の中で影響力を持っていた，というこ
とです．このように，経済学の理論というのは，一見するとどんなに奇妙に
見えようとも，ある特定の社会層の利益と合致すると，社会の中で強い影響
力を保ち続ける場合があります．セーの法則はその 1 つの典型例と言えるで
しょう．しかしこれは他人事ではありません．21 世紀の今の世界で流行っ
ている経済理論が，数十年後にはバカげた理論として相手にされなくなるこ
とは，充分にありうることだからです．

　ともかく，こういったセーの法則に対して，先ほどの生産と消費の矛盾の
存在を主張する人達は，商品生産の拡大速度は，工業を中心にきわめて急速
であるが，その一方で，それに対する需要の伸びは，仮に多少は伸びるにし
ても，生産の拡大にはとうてい追いつかない，と考えます．そして，その結
果，商品の需要に対して生産が過剰になる傾向，すなわち過剰生産の傾向が
慢性化する，と考えるのです．

労働力商品化の矛盾

資本制社会の基本的な矛盾の２つ目は，労働力商品化の矛盾，と言われるものです．労働力商品化の矛盾とは何でしょうか．労働力は，言うまでもなく，工業といわず農業といわず，生産活動を行うためには，非常に重要な生産要素です．そして，資本制社会では，工業を中心に商品の生産をドンドン拡大する傾向がある．ですから，商品の生産の拡大とともに，資本制社会では，労働節約技術の採用で相殺されない限り，より多くの労働力を必要とするようになるのです．労働力も１つの商品で，労働市場で買うことができます．企業は，生産の規模を拡大するとともに，労働力を必要なだけ充分に，そしてできるだけ安価に買い入れたいのです．しかし，労働力は，きわめて特殊な生産要素です．なぜでしょうか．なによりも，労働力は，人間であってモノではありません．ですから，労働力は，非常に重要な生産要素であるにもかかわらず，必要だからといって自由勝手に作り出すことはもちろんできません．

なお，こういった労働力と似たような特徴を持っているものを他に探すならば，土地を挙げることができます．土地も，人間は自由に作り出すことはできません．しかし，資本制社会の中心に座っている工業の世界では，土地不足が活動の制約になることはほとんどありませんでした．工業でも土地は土台ですが，農業におけるような主要な生産手段ではありません．

資本制社会の基本矛盾と非資本制セクター，基本矛盾のルクセンブルク的解決

さて，今，資本制社会の基本的な矛盾について，２つ述べました．お話ししたのは２つのことですが，実は，これら２つの矛盾の根っこにあるのは，１つのことです．すなわち，それは，資本制社会では，商品を生産する規模が，非常に急速に拡大する傾向がある，ということです．そして，商品の生産があまりに急速に拡大するので，その拡大する速度に追いつかないものがあったのです．１つは，生産される商品の増加に対して，需要に裏付けられ

た販路の拡大が追いつかない，ということでした．そしてもう1つは，重要な生産要素である労働力の供給が追いつかない，ということでした．しかも，需要の拡大が追いつかないから仕方がない，とはならないのです．また，労働力の供給が追いつかないから仕方がない，ということにもやはりならないのです．第1に商品に対する需要と，第2に労働力の供給，この2つのものが共に拡大しないと，生産の拡大自体が不可能になってしまうのです．商品に対する需要の開拓と，労働力の確保，これら2つのことは，絶えず生産を拡大する傾向を持つ資本制社会の存亡とかかわる深刻な問題なのです．資本制社会は，生き延びるために，何がなんでもこの問題を解決しなくてはならないのです．

　では，どうやって解決するのでしょうか．ルクセンブルクは，問題解決の糸口を，農民セクターを中心とする非資本制セクターに見出だしました．先ほど紹介したルクセンブルクの文章の中で，資本制社会は，「独りでは・その環境およびその培養土としての他の経済形態なしには・実存しえない最初の形態である」と言っているのはそういうことです．資本制社会は，非資本制セクターが周辺に組み込まれている，そのことを条件にしながら，初めて成り立っているのだ，と言うのです．

　まず，資本制社会では，工業を中心に，需要を上回る過剰生産の傾向がある．そこで，生じてくる過剰な生産物は，農民セクターを中心とする，非資本制セクターに販路の捌け口を見出す．つまりは，農民などに，工業で生み出された過剰な生産物を，買ってもらうわけです．なお，1つ補足しますと，農民セクターが工業製品を購入することが，資本制社会が成り立つために必要だということは，農民が工業製品をたくさん買っている，ということを意味していません．社会全体の生産量が増加している時に，その増加分の一部は，労働者や企業から成る資本制セクターの内部で消費し尽くされることができなくて，農民セクターなどで消費されなくてはならない，ということです．ルクセンブルクは，特に，剰余価値の一部の販路として非資本制セクターが必要だと言っています．ただこういうルクセンブルクの議論に対しては

さまざまな批判があることも事実です．しかし，この点をきちっと説明する
には再生産論という分野について説明しなくてはなりません．再生産論は，
18 世紀にケネーが「経済表」でその基本的なアイデアを示し，19 世紀にマ
ルクスが「再生産表式」でそのアイデアを発展させ，20 世紀になってレオ
ンチェフが「産業連関表」で今日ある形に完成させたものです．そこでの基
本的な問題は，生産―消費―投資の流れが社会全体でどのように淀みなく行
われているかを数量的に解明することです．しかし，ここでは再生産論につ
いては参考文献（レーニン，ルクセンブルグ，宮沢，ケネー，富塚）を示すに
留めさせていただきます．

　では，次に，労働力商品化の矛盾の方はどうやって解決されるのでしょう
か．この矛盾の解決も，やはり，非資本制セクターだのみです．農民セクタ
ーを中心とする非資本制セクターには，大量の労働力が存在する．先進国の
中だけではなくて，国外の，途上国にまで目を向けると，資本に雇用されて
いない労働力の規模はさらに膨らみます．そういった農民などの労働力を，
土地などの生産手段から切り離して，資本制社会の工業は，自らの労働者と
して使うわけです．では，どうやって，農民は，土地から切り離されるので
しょうか．それが，第 4 章で述べた，本源的蓄積の過程です．その過程を通
じて，農民は土地から切り離されるのです．一方では，農民層分解を通じて，
つまり農民同士の競争を通じて，土地から切り離された大量の労働力が生み
出されます．他方では，時の支配層が強制的に農民を土地から引き離すとい
うこともあります．つまり，農民が持っていた土地を，法律を使って収容し，
また場合によっては，武力を使って農民を土地から無理やり引き離す，こう
いうこともしばしば行われるのです．

　ここで，『資本蓄積論』が出版された時が，1913 年であった，ということ
を思い出してください．これは，世界史上，20 世紀初頭に始まる，帝国主
義の時代，と言われる時代に属しています．列強と呼ばれる，欧米と日本と
いった当時の先進国は，植民地を求めて，地球上の分割競争にしのぎを削り，
お互いに戦争をやっていました．1913 年は第 1 次世界大戦が始まる前の年

です．こういう時代背景の中で書かれた本が『資本蓄積論』です．ですから，ルクセンブルクが，『資本蓄積論』の中で，資本制セクターと非資本制セクターとの間の関係として語っていることは，列強＝先進国と，植民地との間の関係に置き換えることができます．列強の先進国が，植民地の農民を土地から切り離すために，しばしば軍事力が使われた，ということです．

基本矛盾の展開

　ところで，今述べたような，ルクセンブルクが発見した，資本制社会の基本矛盾の解決方法は，それ自体，これから述べるように，実は，矛盾したものなのです．しかし，それは，ルクセンブルクの理論の中に矛盾があることを意味しません．そうではなくて，ルクセンブルクは，資本制社会の中に現実に存在している矛盾を発見したのです．つまりはこういうことです．

　一方では，資本制社会は，工業などで作り出された過剰な生産物を販売して処理する必要がある．そして，そういった過剰な生産物を販売するための市場＝捌け口として，農民セクターなど非資本制セクターを必要としています．ところが他方では，資本制社会は，労働力を調達するために，農民を土地から切り離すなどして，非資本制セクターを壊さなくてはならないのです．資本制社会の先ほど述べた2つの矛盾は，ともに，非資本制セクターで解決されます．しかし，生産と消費の矛盾，すなわち過剰生産の問題の解決は，農民など非資本制セクターの存続が前提です．つまり，資本制セクターは，非資本制セクターに，工業の過剰生産物の買い手として，いつまでも元気でいてほしいのです．ところが，それとは全く反対に，資本制セクターは，労働力商品化の矛盾を解決するためには，つまり，農民をはじめとする非資本制セクターから労働力を引き離すためには，非資本制セクターを壊してそこから労働力を引き出さなくてはならないのです．

　資本制セクターは，一方では非資本制セクターを，労働力供給源として壊さなくては生きていくことができない．しかし他方では，資本制セクターは，非資本制セクターを工業製品の販売先として，壊してしまっては生きていく

ことができない．資本制セクターは，非資本制セクターとの関係では，まことに矛盾した立場に立たされていることがお分かりいただけるかと思います．先ほどのルクセンブルクの文章で，資本制社会は，「世界形態たろうとする傾向をもつと同時に，その内部的不可能性のゆえに生産の世界形態たりえない」と言っているのは，まさに，こういうことを意味しているのです．

この章では，社会構成体の中で，資本制セクターと非資本制セクターとの「接合」の具体的な在り方として，ルクセンブルクによる，1910年代の帝国主義時代の議論を見ました．なお，ルクセンブルクの議論は，前章で述べた5つの市場の分類によるならば，農家購買品市場と労働市場に焦点をあてたものであったことはご理解いただけると思います．

参考文献

ケインズ，J. M. (1936)『雇用・利子および貨幣の一般理論』岩波文庫（間宮陽介訳）．
ケネー，F. (1758)『ケネー経済表：原表第3版所収版』岩波書店（平田清明・井上泰夫訳）．
富塚良三・井村喜代子編 (1990)『資本論体系4』有斐閣．
宮沢健一編 (1975)『産業連関分析入門』日経文庫．
ルクセンブルグ，R. (1913)『資本蓄積論』青木書店（長谷部文雄訳）．
レーニン，V. I. (1893執筆)『いわゆる市場問題について』国民文庫（副島種典訳）．

第9章
途上国の経済発展と新国際分業論

前章の復習

　農業問題とは，農業では工業などの他産業のように，資本制的な企業が生産の中心的な担い手にはならないことから生じてくる諸問題であり，そういった農業問題を扱うのが農業経済学でした．そして，資本制セクターと非資本制的な農民セクターとが，5つの市場を通じてどのように「接合」しているのか，このことの解明も農業問題の中には含まれていました．ここで5つの市場とは，農産物市場，農家購買品市場，金融市場，労働市場，土地市場です．前章では，資本制セクターと非資本制セクターとの「接合」の仕方の具体像として，ローザ・ルクセンブルクの1910年代の，つまり世界史的には帝国主義の時代の議論を見ました．なお，非資本制セクターの中には，農民セクター以外の漁民セクターなども含まれますが，非資本制セクターの代表格が農民セクターです．ですから，場合によっては非資本制セクターと述べるかわりに農民セクターと述べています．

　また，ルクセンブルクの議論を紹介した折に，農民セクターが，資本制社会の基本矛盾が解決されるにあたって必要な理由を2つ紹介しました．1つは，農民セクターが工業製品を購入するからで，もう1つは，農民セクターが労働力を供給するからです．ただし，農民セクターが工業製品を購入することが，資本制社会が成り立つために必要だということは，農民が工業製品をたくさん買っているという意味ではありません．社会全体の生産量が増加

している時には，その増加分の一部が資本制セクター内部（企業とそこに雇われている労働者）で消費し尽くされることができず，農民セクターで消費されなくてはならない，ということです．しかし，この点をきちっと説明するには再生産論という分野について説明しなくてはならないということでした．

　以上が前章の復習です．本章からは，資本制セクターと農民セクターとの「接合」の仕方を，ぐっと現代に引きつけて見ることにします．まず，ここで扱う問題の特徴を紹介します．

ここからの問題：南々問題

　1つは，**世界経済論的な視点**から資本制セクターと農民セクターとの「接合」の在り方を考える，ということです．ルクセンブルクの『資本蓄積論』も，**宗主国と植民地**の関係を考えていました．ですから，彼女も，当時の世界経済を分析していたのです．ただし，今日では，植民地は，例外的なものを除き存在していません．それに代わって存在しているのは，途上国です．ですから，かつての宗主国と植民地の関係が，今日では，**先進国と途上国の関係**に置き換わっているのです．そこでここでは，現代の，先進国と途上国の関係について考えたいと思います．

　では，先進国と途上国の関係の在り方を考えることを通じて，具体的にどういう問題をここで明らかにしようとしているのでしょうか．それは，**途上国の内部における，ある途上国と別の途上国との間の経済発展格差**の問題です．これは，時に南々問題と表現されることもあります．ここで扱うことを，地域を絞りこみながらさらに具体的に述べますと，東南アジアとサブサハラ・アフリカとの間に存在する経済発展格差の問題です．東南アジアとサブサハラ・アフリカとの間には，近年に至るまで，著しい発展格差がありました．こういう発展格差がなぜ生じてきたのか，こういう問題を考えたいと思います．

　サブサハラ・アフリカと東南アジアとは，かつては共に長らく停滞に苦し

んでいた地域でした．しかし，近年では，東南アジアの経済発展は著しいの
に，サブサハラ・アフリカでは未だに順調な発展過程が見られず，停滞に苦
しんでいます．もっとも，ごく最近では，サブサハラ・アフリカでも一部の
地域で経済発展が始まったという議論があり，状況は刻々と変わってきてい
ます．しかし，ここでは，サブサハラ・アフリカと東南アジアとの間に著し
い発展格差があるという，最近まで世界経済を顕著に特徴づけてきた社会事
象を念頭に置きながら，話を進めたいと思います．

　なお，サブサハラ・アフリカとは，サハラ以南のアフリカ，つまり，北を
上にした通常の地図で見ますと，サハラ砂漠の下にあるように見えるアフリ
カという意味です．すなわち，アフリカ全体から北アフリカ 5 か国（アルジ
ェリア，リビア，モーリタニア，モロッコ，チュニジア）を除いた地域のこ
とです．サブサハラ・アフリカは，今でも，世界の中で，最も経済発展から
取り残された地域と考えることができます．

　東南アジアの経済発展は，1993 年に出版された世界銀行報告書である，
The East Asian Miracle つまり『東アジアの奇跡』という本の中でも指摘さ
れていました．今から 20 年以上も前の話ですから，東南アジアの経済発展
は，かなり早い時期から注目されていたのです．

　その一方で，サブサハラ・アフリカでは，1 人当り GDP が，近年に至る
まで，長い期間にわたって継続的に減っていました．こうしたことから，東
南アジアとサブサハラ・アフリカとの差は，東南アジアの発展速度が早くて，
サブサハラ・アフリカでは発展速度が遅いのだ，と言うよりは，発展と衰退
の逆方向のベクトルが働いていた，つまり，東南アジアは発展しているが，
他方のサブサハラ・アフリカは衰退していたのだ，と捉えたくなるほどです．

　以上をまとめると，ここからは，先進国と途上国の関係の在り方を，資本
制セクターと農民セクターとの「接合」に視点を据えながら考察します．そ
して，今述べた，今日の世界経済を特徴づける顕著な社会事象，すなわち，
途上国内部における，東南アジアとサブサハラ・アフリカとの間の経済発展
格差の問題を考えます．

GDP を指標として用いたサブサハラ・アフリカと東南アジアの比較

次に，サブサハラ・アフリカの停滞・衰退と，対する東南アジアの発展，この対照性の事実を，GDP を指標に確認します．GDP は，Gross Domestic Product の頭字語（acronym）で，日本語では国内総生産と訳されています．GDP は，当該国人によるものであれ，外国人によるものであれ，とにかく，その国の国内で生産された付加価値の総計です．付加価値とは新たに生産された価値のことで，総生産額から原料や燃料などの中間投入物の価値を差し引いたものです．付加価値は，さらに，利潤，賃金，地代に分かれます．

なお，GDP とよく似た言葉に GNP があります．GNP は，Gross National Product の頭字語で，日本語では国民総生産と訳されています．GNP は当該国にいようが，外国にいようが，とにかく，対象の国の人が生産した価値の総計です．言ってみれば，GDP は，国土に注目した経済活動の集計値であり，GNP は，国民に注目した経済活動の集計値です．昔は，GNP の方がよく使われていました．というよりも，より正確には，GNP と GDP とを区別する必要がそれほどなかった．しかし，近年のように企業活動の国際化が進んできて海外での経済活動が増えてくると，GNP と GDP を区別する必要が生じてきます．そして，ある国の経済成長の水準と速度，といったことを考える場合には，GDP の方が GNP よりも適している，と考えられているわけです．というわけで，サブサハラ・アフリカと東南アジアの経済を，先ず，GDP を指標として用いながら見ます．

第9-1表では，南部アフリカを除くサブサハラ・アフリカ各地域と，東南アジアの，US ドル単位で見た 1970 年以降の1人当り GDP，つまり地域全体の GDP をその地域の人口で割ったものについて示しています．表は，その1人当り GDP の期間毎の成長率を示したものです．それぞれの国の通貨で見ていたのでは地域毎に集計できませんから，全ての国の GDP を，為替レートを使って，US ドルに換算しています．また，GDP そのものを見ると，その増減には，経済水準の変動の他に，人口の増減も影響してきます．ですから，GDP の増減から人口変動の影響を取り除いて，経済水準の変動

第 9-1 表　1 人当り GDP 成長率，USD 単位

（単位：％）

	1970-75	75-80	80-85	85-90	90-95	95-2000	00-04
東南アジア	16.5	14.8	1.2	7.1	11.8	−2.2	5.9
東アフリカ	10.1	6.6	−0.9	−0.6	−2.3	0.6	3.7
中部アフリカ	7.6	7.0	−5.0	4.1	−10.6	1.5	13.3
西アフリカ	20.5	15.5	−5.5	−8.2	−3.5	1.8	9.9

注）　年間成長率の各期毎の算術平均値.
資料）　UN, Statistics Division (http://unstats.un.urg)

だけを見るために，GDP を人口で割って 1 人当り GDP の値の変化を見ているのです. なお，南部アフリカは，国民 1 人当り GDP で見ると低所得国とは言いがたい南アフリカ共和国を含んでおり，サブサハラ・アフリカの他の地域とは異質なので除外しています.

　この表で確認しなければならないのは，1970 年代に注目すると，サブサハラ・アフリカ各地域の成長率は，東アフリカと中部アフリカではやや停滞する傾向が見られましたが，西アフリカでは，東南アジアと同等，もしくはそれを上回っていたということです. それに対して，今度は 80 年代から 90 年代前半にかけての時期を見ると，サブサハラ・アフリカ各地域の 1 人当り GDP 成長率は，ほぼ，おしなべてマイナス成長を示して，東南アジアを下回っています.

　次に，第 9-1 図を見てください. この図では，サブサハラ・アフリカ各地域の 1 人当り GDP を，同じ年の東南アジアの 1 人当り GDP で割った値の推移を，1970 年以降について示しています. 要するに，この図は，サブサハラ・アフリカ各地域の 1 人当り GDP が，同じ年の東南アジアの 1 人当り GDP の何倍か，ということを示しているのです.

　この図でまず注目すべきことは，今となってはもはや信じられないことですが，1970 年時点では，サブサハラ・アフリカ各地域の GDP は 1 を超えていて，東南アジアの 1 人当り GDP がサブサハラ・アフリカ各地域のそれを下回っていた，ということです. ただし，サブサハラ・アフリカと一口に言っても，その内部の地域間で，70 年時点でかなりの 1 人当り GDP 格差があ

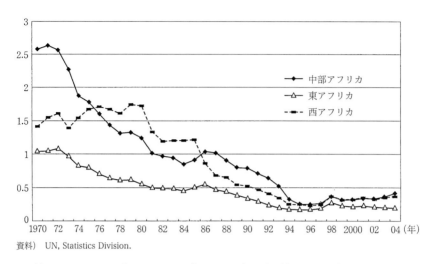

第9-1図　1人当り GDP の比（アフリカ各地域／東南アジア），USD 単位

りました．しかし，70年時点でアフリカの中で最低の東アフリカの1人当り GDP でさえ，当時の東南アジアの1人当り GDP を若干ですが上回っていました．それが，第1次オイル・ショックのあった73年頃から，サブサハラ・アフリカの1人当り GDP は，東南アジアの1人当り GDP に較べて減り，80年代後半以降はおしなべてそれを下回るようになったのです．

　こうして，地域によるばらつきはありますが，1970年時点では，東南アジアより，1人当り GDP で見て経済的におおむね優位であったサブサハラ・アフリカの各地域ではありますが，その後，90年代中頃に至るサブサハラ・アフリカの長い期間の停滞と，対する東南アジアの継続的な成長の結果として，今日では，サブサハラ・アフリカは，東南アジアに大きく水をあけられてしまいました．2004年時点で見ますと，サブサハラ・アフリカ各地域の1人当り GDP は，東南アジアの4割から2割といった水準です．つまり，「停滞のサブサハラ・アフリカ」と「成長の東南アジア」というのは，単なるイメージに留まらない，この時点までのこうした統計数値で見る限り，それは現実であるわけです．

世界システム論と新国際分業論

では，こういう問題を解明するのに，どのような理論を使ったらよいのでしょうか．大きな枠組みは，先ほどから述べていることです．すなわち，世界経済論的な視点から，資本制セクターと農民セクターとの「接合」の在り方を考える，ということです．しかし，これでは，現実に解こうとしている問題との間にまだ少し距離があります．そこで，筆者が今述べたのと同じような視点から途上国の経済発展の問題を扱っている，従来から存在している理論を参考にしたいと思います．ルクセンブルクの理論も，そういった理論の1つなのですが，いかんせん，1910年代の理論です．そもそも，ルクセンブルクが扱ったのは，植民地の問題で，独立した途上国の問題ではありません．そこで，もう少し現代に近いところで，参考になる理論を探したいのです．そういうものとして，筆者がこれから紹介するのは，新国際分業派と呼ばれている人達の議論です．これを以下では，世間で呼ばれているように**新国際分業論**と呼びます．そして，ここでこの理論を取り扱う際の姿勢なのですが，それは，ただ単に学んで現実問題に適用する，というものではありません．学んだうえで，正すべき点は正し，より向上させるべき点は向上させる．こういった姿勢で，従来からある理論を学ぶことを，以前にも述べましたが，批判的に継承する，と言います．

新国際分業論は，1970年代に西ドイツで生まれた理論です．代表的論者は，フォルカー・フレーベルです．フレーベルには，共著ではありますが，*The International Division of Labour* という本があります．このタイトルを直訳すると，新しい国際分業，です．新国際分業論は，それに先行する理論である，世界システム論の批判的検討を経て生まれてきました．そこで，新国際分業論を紹介するには，少し遠回りになりますが，世界システム論についても触れなくてはなりません．

世界システム論では，世界経済の構造を，基本的に「**中心**」（core）と「**周辺＝辺境**」（periphery）から成るものとして捉えます．「中心」は先進国，「周辺＝辺境」は途上国のことです．では，なぜ，先進国，途上国と言わず

に「中心」「周辺＝辺境」と言うのでしょうか．それは，そこでは，先進国と途上国が世界経済の中で果たしている役割の違いを強調しているのです．すなわち，「中心」にある先進国は，「周辺＝辺境」にある途上国を従えている．これを逆から見ますと，「周辺＝辺境」にある途上国は，「中心」にある先進国に従属しているわけです．「中心」は「周辺＝辺境」を，従えることによって抑えつけている．そして抑えつけられた「周辺＝辺境」は，いつまでも低開発のままに押し留められているのです．第7章で，フランクによる「低開発の開発（発展）」という有名な言葉を紹介しましたが，これは，従属学派の理論および世界システム論の結論を，短い言葉の中に的確に表現しています．

　以上は世界システム論ですが，次に新国際分業論について説明します．新国際分業論は，世界システム論の，「中心」と「周辺＝辺境」という世界経済の構造の捉え方は引き継ぎます．では，新国際分業論は，世界システム論のどういう点を批判したのかと言いますと，それは，世界システム論の，半ば運命論的な途上国停滞論に対してです．すなわち，新国際分業論は，第2次世界大戦後に，「中心」先進国を本拠地とする**多国籍企業**が，世界を舞台としながら行った資本蓄積のメカニズムを解明しました．資本蓄積というのは，企業が投資を行って規模がどんどん大きくなっていくことです．また，多国籍企業というのは，世界を舞台に活動している企業のことです．しかし，多国籍企業の多くが，先進国に本拠地を持っています．新国際分業論は，多国籍企業の資本蓄積のメカニズムが「周辺＝辺境」途上国の工業化と結びついている，ということを主張しました．

「周辺＝辺境」の発展と新しい国際分業

　つまり，世界システム論では，「中心」が「周辺＝辺境」を抑圧・圧迫する面を強調したので，「周辺＝辺境」の経済発展がなかなか視野の中に入ってきませんでした．新国際分業論は，反対に，「周辺＝辺境」の「発展」を問題にしています．そして，新国際分業論が言う新しい国際分業の新しさと

は何かと言いますと，それは，次の点にあります．かつての先進国と途上国
との間の**垂直的な分業関係**は，先進国が工業製品の生産に特化し，途上国が
原料産品の生産に特化する，そういう形の分業関係でした．こういう，古い，
垂直的な分業関係が，途上国の工業化によって変化し，途上国の工業が，今
や，先進国の工業との間で，競争者として世界市場に登場してきている，と
いうことなのです．

　では，新国際分業論では，具体的な歴史過程に即した形で，どのようなこ
とが主張されているのでしょうか．それは，おおよそ，次のようなものでし
た．

第2次世界大戦後の経済成長と産業予備軍

　話は，第2次世界大戦にまでさかのぼります．この戦争の過程で，米国を
除く全ての先進国では，国土が戦場となり，産業が壊滅的な打撃を被りまし
た．その結果，終戦直後には，ほとんどの先進国が大量の失業者を抱えるこ
とになります．そして，こうして存在している大量の失業者を吸収しながら，
先進国の経済は，1940年代後半以降，長い期間にわたる経済成長の過程に
入ります．しかし，経済成長が長く続いた結果として，70年頃には，大半
の先進国で，**産業予備軍**の規模がはっきりと縮小するようになってきました．

　ここで産業予備軍というのは，資本制経済が成長するうえで必要な，労働
力の予備のことです．労働力は人間です．前章でも述べたように，人間は不
足しているからといって必要に応じて作り出すことはもちろんできません．
ですが，経済が成長する上で労働力は不可欠のものです．ここから，資本制
社会の基本矛盾の1つが生じてくる，ということも前章で述べたことです．
どうにかして労働力を確保しなければ，経済は成長することができません．
こうした，経済成長のためにリザーブされている労働力のことを，産業予備
軍と呼んでいるのです．そして，ルクセンブルクは，農民セクターを中心と
する非資本制セクターにその解決を求めました．ルクセンブルクは，農家の
労働力などを，経済が成長するための産業予備軍と見なしたのです．

第9-2表　外国人労働力人口（ストック）

	千人	構成比	年
日本	686	1.1	2011
ドイツ	3,289	9.4	2009
フランス	1,540	5.8	2009
イギリス	2,378	7.6	2010
アメリカ	24,815	16.2	2009
韓国	542	2.2	2011
シンガポール	1,157	35.7	2011

注）「構成比」は労働力人口に占める外国人労働力人
　　口の比率.
出所資料）『2013年国際労働比較』労働政策研究・研
　　修機構.

　しかし，新国際分業論が第2次世界大戦後の先進国に見出だした産業予備
軍は，ルクセンブルクが言ったものよりも，もっと多様でした．新国際分業
論が見た産業予備軍を列挙してみると，1つは，先ほど言った失業者です．
2つ目は，農民層が分解した結果としての労働力です．これは，ルクセンブ
ルクが言っていることと同じです．

　3つ目は，外国からの移民です．移民による労働力の導入は，最近になっ
て日本でも少しずつ増えてきましたが，かつては日本にはほとんどいません
でした．しかし，移民国家である米国は言うに及ばず，ヨーロッパの先進国
でも，第9-2表に見るように，移民の導入が進んでいます．ちなみに，こ
の表の数値は，外国籍のまま仕事をしている者の比率です．入っていった先
の国の国籍を取得して，帰化した者は含まれていません．帰化した者を含め
た移民の労働力人口に占める比率は，当然ながらさらに高まります．例えば，
フランスでは，表によると，外国人労働力の比率は，近年，6％程度です．
しかし，1つの有名な推計値がフランスにはあります．その推計値によると，
過去3世代にさかのぼるならば，現人口の約4分の1が移民自身か移民の子
孫である，というのです（Tribalat）.

　4つ目の産業予備軍は，企業が合理化投資を行い，労働力を使う量を減ら
す省力化技術を導入した結果として生じてくる労働力です．現代で言うと，

例えば IT 技術の導入によるオフィス革命や，生産過程へのロボットの導入が合理化投資です．そういう省力化技術を導入すると，企業で余剰人員が生じてきてリストラの対象になる．そして，リストラされた失業者が産業予備軍となって，経済が成長する時に別の企業に吸収されていく，というのです．

　経済成長に必要な産業予備軍が作られるうえで，企業の合理化投資の意義を重視して強調したのは，この講義でもよく名前が出てくるカール・マルクスです．マルクスは，企業が労働節約的な合理化投資を急速に行うので，資本制社会は，労働力人口を制約としないで発展していくことが可能だ，とまで考えています．労働力の頭数が増えなくても，企業が合理化投資を活発に行うので，経済成長は労働力に制約されることなく行われる，と言うのです．

　前章で紹介したルクセンブルクの議論が，こういうマルクスの議論を批判していることは，お分かりいただけるでしょうか．ルクセンブルクは，農民セクターなど非資本制セクターから供給される労働力がなければ，資本制セクターの成長はなく，したがって資本制社会は成り立たない，と言っているのです．

1970 年頃の状況：産業予備軍の枯渇

　話を新国際分業論に戻します．新国際分業論は，第 2 次世界大戦後の先進国の経済成長を支えた産業予備軍の，今述べた 4 つの主な要因が，1970 年頃には無くなった，と言っています．1 つひとつ見てみましょう．第 1 に，戦争の結果であった失業者は，戦後の復興が進むにつれて，徐々にいなくなりました．第 2 に，農業からの労働力供給は，日本では，筆者は 80 年代の中頃まで重要な意味をもっていたと考えています．しかし，欧米の先進国ではそれよりも早い時期にそれはなくなっていました．

　3 つ目の移民ですが，これは，戦争の結果であった失業者，および農業からの労働力供給，と実は根は同じです．つまり，この時代の移民は，本を正せば，外国の失業者，および農業からの労働力でした．比較的失業者の多かった国，および，農民が多かった国から，比較的失業者や農民が少なかった

国へと移民は流れていました．こういった意味で，この当時，ヨーロッパで重要な移民の供給地であったのは，イタリア南部でした．しかし，イタリア南部からの労働力供給も，イタリア自体で農業近代化が進み，さらには，北イタリアを中心とする急速な工業成長の結果として，労働力が外国へ向かう余地が徐々に無くなっていきました．ただし，ヨーロッパの場合，イタリア南部からの労働力供給が無くなってくるのにともなって，それと入れ代わるかのように，今度は，アジア，アフリカなど旧植民地からの移民による労働力が増えてきます．実は，このあたりのことに十分な注意を払っていないのが，筆者は，新国際分業論の不十分な点だと考えています．

　そして，最後の，企業が合理化投資を行い，省力化技術を導入した結果として生じてくる労働力ですが，これについては，新国際分業論は，「政治的な摩擦」があるので十分には行われなかった，と言っております．では，「政治的な摩擦」とは何でしょうか．この点について理解するには，先進国における1970年頃の政治状況に思いを巡らせる必要があると思います．すなわち，パリ5月革命，日本の日米安全保障条約を巡る闘争，そして，世界的なベトナム反戦運動の高まり，こういったことから社会が沸騰する状態にあったのが，先進国における70年頃の政治状況でした．そしてそういう状況の中では，民衆をさらに刺激する失業者の増加は，企業や政府の選択肢にはなりえなかったのです．

多国籍企業の展開と途上国の経済発展

　このように国内で産業予備軍が乏しくなる，という状況に直面した先進国の企業が選んだ道は，多国籍企業となって途上国に生産拠点を移すことであった，と新国際分業論は唱えます．なぜならば，当時の途上国では，農民セクターに，ほぼ無尽蔵な労働力がいたからです．ただし，先進国の多国籍企業は，ただ単に豊富な労働力があるから，という理由だけで途上国に進出していったわけではありません．

　第2に，生産過程で単純労働化，すなわちルーティン化が進み，ごく短い

訓練期間を経てこなせる作業が主流になっていったから，生産拠点を途上国に移すことができるようになったのです．そして，多国籍企業は，こうした豊富な労働力を，低賃金で雇いながら，その一方で長時間働かせてきました．新国際分業論は，こういう面にも，正しく目を向けています．

　第3に，運輸・通信革命が進んで，工業生産の立地が，消費地や本社から離れていてもよくなりました．そして，こうして引き起こされる生産活動の途上国への移転を，新国際分業論は，途上国の工業化，すなわち経済発展と見ているのです．

　この章では，東南アジアとサブサハラ・アフリカとの間で最近まで見られた経済発展格差の事実を確認した上で，それを分析する理論枠組みとしてこれから使おうと考えている，新国際分業論を紹介しました．新国際分業論は，途上国の経済発展を論じています．

参考文献

ウォーラステイン，I.（1974）『近代世界システム：農業資本主義と「ヨーロッパ世界経済」の成立』岩波書店（川北稔訳）．

世界銀行（1993）『東アジアの奇跡：経済成長と政府の役割』岩波書店（白鳥正喜監訳）．

フレーベル，F.（1982）「世界経済の今日的発展：世界的規模での労働力再生産と資本蓄積」ウォーラステイン，I. 編集『ワールド・エコノミー』藤原書店（原田太津男訳）．

山崎亮一（2007）『周辺開発途上諸国の共生農業システム：東南アジア・アフリカを中心に』農林統計協会．

Fröbel. F., Heinriches. J. & Kreye. O. (1980) *The New International Division of Labour: Structural unemployment in industrialized countries and industrialization in developing countries*, Cambridge University Press.

Tribalat. M. (1991) *Cent ans d'immigration, étrangers d'hier français d'aujourd'hui.* Presses Universitaires de France.

第10章
第2次世界大戦後の日本経済と農業

新国際分業論の問題点

　前章では，途上国の経済発展の問題を考える上で，新国際分業論が参考になる，ということを述べました．新国際分業論によると，先進国の第2次世界大戦後の経済成長をもたらした労働力の予備となる集合体（前章で述べたように，これを産業予備軍と呼びます）は，大戦後の経済成長の結果として，1970年頃には枯渇してきます．それ以降，先進国に本拠地を置く資本制的な大企業は，多国籍企業となりながら，途上国に新たな投資先を求めて，生産活動拠点の国外移転を積極的に行うようになりました．途上国では農民セクターに大量の労働力が存在していましたから，これを低賃金で雇用するために，先進国から多国籍企業が進出していったのです．多国籍企業が途上国へいくと，そこで工業化が進みます．新国際分業論は，このことを途上国の経済発展と考えたのです．

　では，こういった新国際分業論の問題点はどこにあるのでしょうか．前章で，「批判的に継承する」という姿勢について述べました．理論を学ぶにあたっては，その理論の良いところを見るだけではなくて，問題点があればそれをきちっと批判しなくてはならないのです．

　前章で，新国際分業論の特徴として，世界経済の構造を，「中心」先進国と，「周辺＝辺境」途上国から成るものとして重層的に捉えている，と述べました．しかし，ここでさらに述べたいのは，実は，こういう世界経済の構

造に関する2分法，すなわち，「中心」と「周辺＝辺境」の2つに分けて捉える方法では不十分だ，ということです．なぜならば，このような2分法では，前章で見たような，最近年まで途上国間で見られた経済パフォーマンスの著しい地域的な違い，すなわち経済発展格差，とりわけ東南アジアの発展とサブサハラ・アフリカの停滞という対照性を捉えることができないのです．

「東アジアコンプレックス」と「西ヨーロッパ・アフリカコンプレックス」

そして，近年に至るまで新国際分業論が適用できそうもなかったのは，明らかにサブサハラ・アフリカです[10]．その一方で，東南アジアについては，順調に経済発展しているので，もしかしたら新国際分業論がそのまま適用できるかもしれません．そのあたりのところを，東南アジアとサブサハラ・アフリカ，それぞれについて具体的に見ていきたいと思います．ただし，新国際分業論によりますと，途上国の経済発展は，途上国の内部から自然と沸き起こってきたのではありません．そうではなくて，「周辺＝辺境」途上国の経済発展は，「中心」先進国との結びつきの中で，後者からの作用の結果として起こったのです．したがって，新国際分業論をふまえるならば，東南アジアとサブサハラ・アフリカの経済発展の問題を考える場合にも，それらの地域と対になる先進地域との結びつき，つまり，それらの途上地域と特別な関係にある先進地域との結びつきを重視する必要があります．

そこで，ここでは，東南アジアと対になる先進地域・国として日本を見ます．東南アジアと日本とは，歴史的にも非常に深い関わりを持っています．そして，日本を「中心」とし，東南アジアを「周辺＝辺境」とする地理的なひとかたまりの複合体を想定し，これを「**東アジアコンプレックス**」と呼ぶことにします．「中心」と「周辺＝辺境」の結びつきが，1つの有機的な複合体を形成している，ということです．もう一方の，サブサハラ・アフリカと対になるような特別な関係にある先進地域は，西ヨーロッパです．西ヨー

---

10) もっともサブサハラ・アフリカでも，ごく最近に一部の地域で経済発展が始まったとする議論があることは前章でも述べました．

ロッパとアフリカは，奴隷貿易以来，浅からぬ因縁があるわけです．そして，西ヨーロッパを「中心」とし，サブサハラ・アフリカを「周辺＝辺境」とする地理的なひとかたまりを想定し，これを**「西ヨーロッパ・アフリカコンプレックス」**と呼ぶことにします．

1970年以前の日本経済と農村から都市への労働力移動

　こういったことをふまえながら，本章では，「東アジアコンプレックス」を，「中心」先進国である日本の側から見ます．そのために第2次世界大戦後の日本経済について述べます．第2次世界大戦後の日本経済と言いますと，戦後しばらくは，復興と成長に彩られておりました．そして，ここでその復興と成長を支えた労働力に注目しますと，非常に特徴的であったのは，国内の農業・農村から供給される豊富な労働力が，大変に重要な意味を持っていた，ということです．

　農村で農業を行っていたのはもちろん農家です．戦争の過程で都市の産業が壊滅しました．また，戦争が終わって復員してきた人達や植民地から引き上げてきた人達もそこに流れ込んでいきました．これらの結果が，終戦直後の農業・農村が過剰人口を抱えている状態でした．しかしそうやって形成された農業・農村の過剰人口も，朝鮮戦争（1950-53）をきっかけに進んだ戦後復興と経済成長の過程で，都市へと急速に流れていったのです．そして，後で見るように，農業の近代化にともなう工業への労働力移動がそれに続きます．その一方で，戦後の日本では，他の先進国では重要であった外国からの移民は，マイナーな存在でした．これは前章でも述べたことです．

　そこで，国内の農家から供給される労働力に注目しながら，第2次世界大戦後の日本経済の流れを追ってみたいと思います．そして，そういった流れを追う中で，1980年代の中頃から，日本企業の対外直接投資，すなわち外国で事業活動を行うためにそこに資本を投下することが急速に増加してきたことを，位置づけたいと思います．なお，以下では，第2次世界大戦後の時期を，70年頃と85年頃を境にして3つの時期に分けてお話しします．

まず，1970年以前はどうであったか，と言いますと，その時の，農家から農業以外の産業への労働力の移動は，2つの特徴を持っていました．並木正吉先生が，岩波新書として60年に出版された『農村は変わる』という本の中でこのことをリアルタイムで書いています．1つは，若い労働力（若年労働力）であったということです．そして，もう1つは，農村を離れて都会に移住していったということです．これを4文字の熟語で，向都離村，と言います．つまり，まとめて言いますと，70年以前は，若年労働力の向都離村が中心でした．しかし，いくら若い労働力でも，長男とそのお嫁さんは，農業の跡継ぎとして家に残っていました[11]．ですから，都会に流出していったのは，それ以外の，二三男や農家に嫁がない女性が中心でした．

「国民所得倍増計画」と「農業基本法」

この時期に制定されたのが，1961年の**「農業基本法」**です．しかし，「農業基本法」について充分に理解してもらうためには，まず，その前の年の60年に公布された**「国民所得倍増計画」**についても理解してもらう必要があります．「国民所得倍増計画」というのは，読んで字のごとく，経済成長を通じて国民1人当りの所得を倍にする，というものでした．予定された期間は10年間でした．そして，その10年間に，工業など農業以外の産業が成長するのにともなって大量の労働力を必要としているとしていたのです．その成長にともなう労働力の増加を，「国民所得倍増計画」は，1,969万人と見込んでいました．そして，この約2,000万人をどうやって調達するかが問題でした．「国民所得倍増計画」は，このうち，新規学卒者，つまり学校を出たばかりの労働力で補充できる分を1,703万人と見込んでいました．しかし必要なのは1,969万人ですからまだ266万人足りないわけです．つまり，労働力不足が見込まれていたのです．ですから，この時期，中学卒業で就職して早く労働力化する人達のことを金の卵と言ったのです．

---

11) 並木先生は，向都離村は長男にも及ぶと展望していました．

　それはともかく，「国民所得倍増計画」は，この約二百数十万人の不足が見込まれる労働力を，農家を中心とする自営業者から調達する，としていました．なお，新規学卒者の中には，この当時はまだかなりの数の農家出身者，つまり農家の子弟が含まれていました．ですから，この約二百数十万人が農家出身者の全てではありません．ただし，農家から調達する，と簡単に言いますが，農家にいる人達の多くは実際に農業をやっていたのです．先ほど，農村で半失業状態の人達が終戦直後にはかなりいたと述べましたが，そういう人達も，1960 年頃にはもう都会に出ていっていました．そこで，実際に農業を行っている人達を農業から引き離して，農業以外の産業に動員する，こういうことが必要であったのです．

　「国民所得倍増計画」の翌年に出た「農業基本法」が，「国民所得倍増計画」が算出したこうした農村労働力の動員計画に対応するものであったことは明らかです．「農業基本法」は，土地の基盤整備や農業の機械化を通して，規模拡大する少数の「自立経営」を育てようとするけれども，そのことを「国民所得倍増計画」と関連づけて見ると，大部分の農家からは労働力を引き出して農業以外の産業に吸収しようとする，そういう文脈の中に位置づいていると考えることができます．

　ところで，1960 年代を通じて，農村から都市への労働力の流出は，徐々に減ってゆきます．これは当たり前のことで，農村から都市へと労働力を供給し続けると，農村ではだんだんと人が減っていったのです．では，全くいなくなったかと言うとそういうわけではありませんでした．先ほど述べた跡継ぎの方たちは残っていたのです．

兼業従事者の増加

　第 10-1 表は，日本の雇用者総数に占める農家兼業従事者の比率を示しています．日本の工業・商業を含めた全産業の雇用者総数の中で，農家兼業従事者が何％を占めているのかを示したものです．なお，兼業従事者とは，住んでいる家は農家なのだけれども，自分は農業以外の仕事に就いている人で

第10-1表　雇われ兼業従事者数の雇用者数に占める比率（全国）

（単位：万人，％）

年	恒常的勤務	出稼ぎ	日雇臨時雇	雇われ兼業従事者数(a)	雇用者数(b)	a／b＊100
1960	283	18	110	411	2,358	17
1965	349	55	209	613	2,891	21
1970	418	41	252	710	3,354	21
1975	467	28	236	732	3,708	20
1980	501	15	182	697	3,997	17
1985	524	12	119	655	4,421	15
1990	481	9	88	578	4,900	12
1995	452	5	64	521	5,257	10

資料）『農業センサス』，『国勢調査』．

す．兼業従事者の中には，自分自身は農業を行っている場合と，それを行っていない場合と，両方の場合があります．

　なお，少し脇道にそれますがここで兼業について敷衍しますと，世帯員の中に兼業従事者がいる農家が兼業農家です．それのいない農家が**専業農家**です．さらに，兼業農家は，家全体の所得の中で兼業所得と農業所得のどちらが多いかで，農業所得の方が多い**第1種兼業農家**と，兼業所得の方が多い**第2種兼業農家**とに分けられます．また，兼業従事者は，別の視点から，**出稼者と在宅通勤兼業者**に分けることもできます．出稼者というのは，一定期間，農家から離れて働きにいく人達のことです．出稼者の本拠地は農家にあるので，出稼者は農家からの転出者には含めません．出稼者はあくまでも兼業従事者です．出稼者は，通常，農業にとって大事な労働力なので，転出はしません．しかし，農閑期に，つまり農業の暇な時期を利用しながら，多くは土建作業などの単純労働に携わるのです．そして農業の忙しい農繁期には農家に戻ってきて農作業を行う，それが出稼者です．他方の在宅通勤兼業者は，出稼者のように農家を離れて働きにいかないで，農家に住みながら通勤する兼業従事者です．

　表から，日本の雇用者の総数に占める兼業従事者の比率は，1960年の17％から70年の21％へと，この間，僅かではありますが増加していること

が分かります．絶対数では 411 万人から 710 万人へと 1.7 倍の増加ですから，こちらで見るとけっこうな増加です．つまり，60 年代後半には，先ほど述べたように，農家を離れて都市へと向かう若者の数は減りましたが，兼業従事者の数は逆に増えていったのです．

　そして 1970 年頃には，企業が農村に進出していく流れがありました．これは**農村工業化**と言われる動きです．この時，企業が農村に進出していったのは，企業が，都市における土地価格の上昇や賃金上昇を嫌がったからです．そして，農村に進出していった企業が，進出先の農村で，周辺の農家の労働力を在宅通勤兼業者として雇ったのです．71 年「**農村地域工業導入促進法**」は，企業の農村進出を補助金で支援するための法律です．農村工業化が進んで，在宅通勤兼業者は増加しましたが，出稼者は地元に働き口が増えてわざわざ遠くに行く必要がなくなったので，逆に減りました．

　ともかくこうやって，転出から兼業へと，農家から農業以外の産業への労働力の流れかたは変化しましたが，しかしそれでも，農業以外の産業で新たに雇われる人，その全体の人数の中で，農家出身者が占める比率は，時代とともに徐々に減っていきました．ここで第 10-2 表の④という行の数字に注目してもらいますと，農業以外の産業で新たに雇われる人の中で，農家出身者が占める比率を示しています．1960 年代の後半には，農外で新たに雇われる人の中で農家から就職する人の比率は，だいたい 4 割程度もいました．新たに就職する人の中で，農家出身者が 4 割もいる，というのは，今の感覚からするとずいぶんと多いように思います．しかし，この時点からさらに十数年遡った 50 年頃には，表には示していませんが，農業以外の産業で新たに雇われる人の中で農家出身者が過半を占めていたと言いますから，60 年代中頃当時の感覚としては，昔と較べると，農家出身者が半分以下になってずいぶんと減ったな，ということであったと思います．

　1970 年には，**総合農政**という言葉が登場します．総合農政の中には，稲作**減反政策**や離農促進政策が含まれています．減反政策というのは，今でも行っている米の作付け制限ですが，それが 70 年頃に始まったということで

第10-2表　非農林業の新規雇用に対する農家労働力または
無業者からの供給（全国）

（単位：万人，％）

		1965	1968	1971	1974	1977	1979	1982	1987	1992	1997
	① 非農林業の新規雇用者	204	211	202	227	250	265	338	318	372*	426*
	② 農家世帯からの供給	85	79	82	64	53	47	41	26	—	—
	1. 主に農業従事	17	14	24	18	10	8	7	3		
実	2. 主に農外自営業従事	3	2	3	2	2	1	1	1		
	3. 主に無業	65	63	55	44	41	39	34	23		
数	③ 新規就業者（無業者）	174	196	185	211	239	252	327	301	357*	414*
	1. 家事をしていた者	25	37	42	—	—	78	97	95	105*	112*
	2. 通学していた者	126	140	123	—	—	126	150	160	198*	192*
	3. その他	23	20	21	—	—	48	80	47	54*	110*
比	④ 農家世帯からの供給	42	37	41	28	21	18	12	8	—	—
	⑤ 通学者からの供給	62	66	61	—	—	48	44	50	53*	45*
率	⑥ 通学者以外の無業者からの供給	23	27	31	—	—	47	52	44	43*	52*
構	農家世帯からの供給	100	100	100	100	100	100	100	100	—	—
成	1. 主に農業従事	20	18	29	28	19	16	16	11	—	—
比	2. 主に農外自営業従事	3	2	4	3	3	2	2	3	—	—
	3. 主に無業	77	80	67	68	77	82	82	86	—	—

注1)　「非農林業の新規雇用者」は，調査時点の非農林業雇用者のうち，1年前の就業状態が次の者の合計．
　　　a) 農林業従事者（総数），b) 非農林業自営業主，c) 非農林業家族従事者，d) 無業者．
2)　「農家世帯からの供給」に含まれているのは，6カ月以上の予定で他産業へ就職した者．
3)　「—」はデータ無し．
4)　* は農林業雇用者を含む．
5)　④＝②/①×100，⑤＝③2/①×100，⑥＝(③1＋③3)/①×100
6)　弘田（1986：p. 232）の第1表を参照して作成．ただし，「非農林業の新規雇用者」の範囲は異なる．
資料)　①と③は『就業構造基本調査』，②は『農家就業動向調査』．

す．総合農政では，先ほどの基本法農政よりも，よりいっそう農家の労働力を農業以外の産業に動員する面が強まったと言ってよいでしょう．

在宅通勤兼業者の政策的位置づけ

　基本法農政，そして総合農政という流れの中で増えてきたのは，農家に住みながら農業以外の産業に勤める在宅通勤兼業者でした．そこで，在宅通勤兼業者を，農業政策の中でどう扱うか，ということが，次第に重要な論点になってきました．というのも，在宅通勤兼業者が農業を継続するので大規模

経営に土地が集まらないのだと主張され始めたからです．日本農業で規模拡
大を進めるには，在宅通勤兼業者から大規模経営への農地移動を進めなくて
はいけない，というわけです．

　例えば，総合研究開発機構というところが1981年に出した，『農業自立戦
略の研究』というレポートがあります．これは，当時，NIRA報告などと通
称されたものです．このレポートには，世上でよく，財界・経済界サイドの
提言が盛り込まれていた，と言われます．そこでこのレポートに具体的にど
ういうことが書かれているかを見ますと，農業の将来像として，少数の大規
模経営と多数のホビー農家から成る農業像が示されています．つまり，農家
が，大規模経営とホビー農家の2つに分かれることを想定しています．いや，
もっと積極的に2つに分かれるべきだ，と言っています．そこでこうした議
論のことを，**2階級構成論**と呼ぶこともあります．ホビー農家というのは兼
業農家の一種なのですが，自分が持っている農地の管理や耕作の大部分を大
規模経営に任せて，残った狭い農地で休日の趣味として農業を行っている，
そういう農家です．したがって，兼業的なホビー農家は，農業以外の産業か
ら安定的に得られる賃金収入があることが想定されています．そしてその賃
金収入で生活費を十分に賄えていると考えられています．極論すると，農業
収入はほとんど必要ない，それが兼業的なホビー農家です．

　こういった2階級構成論に対して，兼業従事者の農業以外の勤務先の労働
条件の実態を，いっしょうけんめいに調査して歩いた研究者達がいました．
彼等は，調査してわかったことを，例えば，第10-1図のようなものにまと
めました．これは，在宅通勤兼業者の賃金を示したものです．横軸が年齢で，
縦軸が賃金の額です．在宅通勤兼業者が多い農村の労働市場のことを，**地域
労働市場**と言います．そして，そういう地域労働市場の実態やその意味を明
らかにしようとした議論のことを，地域労働市場論と言います．

　地域労働市場論が明らかにしたことはさまざまあるのですが，ここで1つ
重要な点を紹介しますと，兼業従事者の農業以外の就業先・雇用先の中で多
いのは，第10-1図の中で底辺の方にある，日雇い賃金だとか，パート賃金

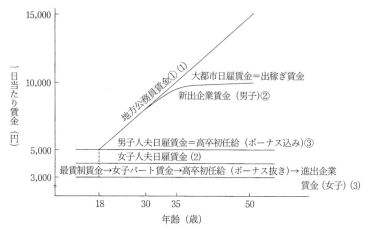

注1) 農村地域工業導入促進センター『農村地域工業導入実施計画市町村における農用地の利用集積等に関する調査報告書』1981年，11頁．
　2) ○及び（ ）は引用者が記入．

第10-1図　農村工業導入地域労働市場の賃金構造

だ，ということでした．これは，見ての通り相対的に低い賃金です．しかも，年齢とともに賃金が上がることもありません．また，日雇いだとか，パートですから，雇われている身分も不安定で，安定的な賃金収入が保証されているわけでもありません．つまりは，低賃金・不安定就業だったわけです．こういう労働条件のことを，「**切り売り労賃**」とも言います．

　「切り売り労賃」の兼業は，先ほどの2階級構成論が想定したホビー農家の兼業とはだいぶ様子が違います．2階級構成論が想定したのは，第10-1図で言うと，公務員賃金のようなものが多い，という状況でした．ところが実態調査を行ってみると，「切り売り労賃」が多かったのです．こうしたことから，地域労働市場論の研究者達は，農家は2階級構成論が唱えるように単純には2分化していかない，と主張しました．そして，兼業農家は，雇われ先の低賃金を，農業所得で補わなくてはならないので，農業の規模をなかなか縮小しない．そのため，兼業農家は自分が持っている農地を手放すようなことはしない，と主張したのでした．

転換期としての1980年代中頃

以上は，1970年代の前半から，80年代の前半までの状況です．ところで，農業から農業以外の産業への労働力の流れ＝流出という点で見ると，80年代の半ば頃に，決定的な転換期がやってきたと考えられます．

1つの象徴的な数字は，全国の雇用者に農家出身者が占めるウエイトがさらに低下してきたということです．そして，農家出身者は労働市場の中で圧倒的に少数派になってしまいました．先ほど，第10−2表の④行を見ながら，農外の新規雇用者に農家出身者が占める割合は，1960年代後半に4割程度であった，と言いました．ところが，この比率はその後さらに大きく減少し，87年には8％にまで減っています．また，先ほど第10−1表を見ながら，全国の雇用者の中で雇われ兼業従事者が占める比率は増えていると述べましたが，この比率も，70年代初めの21％をピークに，85年には15％にまで低下しました．

ここまでをまとめますと，第2次世界大戦後の日本経済では，農家が，経済成長にとって必要な労働力の重要な供給源として長らく機能し続けてきました．しかし，経済成長とともに農家人口は徐々に減り続けました．そしてそれにともなって農家の労働力供給源としての機能も徐々に低下していきました．この間，農家労働力が農外に流出する形も変化し，当初は若年労働力の向都離村が多かったのですが，1970年頃からは，農村工業化と結びついた在宅通勤兼業者が増えました．しかし，その後，全国の全産業の雇用者の中で農家出身者が占める比重はさらに低下しました．そして80年代中頃を転換期としながら，農家出身者は，全国の雇用者の中で，きわめて少数派になってしまったのです．筆者は，日本ではこの頃に第4章で述べた本源的蓄積が完了したと考えています．

転換期後の日本経済と企業

ところで，農家がもはや農外への新規労働力の重要な供給源として機能しなくなったことから，1980年代中頃以降，今日に至る日本経済と日本農業

には，これから見るようないくつかの変化が生じています．

　第1は，第10-2図に見る失業率です．失業とは，働く意志と能力を持ちながら働くことができない状態です．どのようにして人が働く意思があるかを判断するかと言いますと，ハローワーク（公共職業安定所）に求人票を出していることをもって行政的には判断します．そして失業率とは，労働力人口の中に占める失業者の率です．1980年代中頃以降に，失業率は，景気の良い好況期には急速に大きく低下し，景気の悪い不況期には反対に急速に大きく上昇するようになりました．つまり，経済の景気の局面と失業率の動向との関係が，この頃からきわめて鮮明になってきたのです．具体的に見ますと，80年代の後半はバブル経済の好況期でした．この時期，失業率は大きく低下しました．90年代は平成不況期でしたが，この時期に失業率は大きく上昇しました．そして，2002年に始まった好況のもとで，失業率は再び大きく低下しました．2008年秋のリーマンショックの後には失業率が急上昇しました．そして最近ではいわゆるアベノミクスの好況期のもとで失業率は急速に大きく低下してきているのです．

　ところで，皆さんは，景気とともに失業率が大きく変動するのは当たり前のことだと思っておられるかもしれません．実は，かつては，それはそうではなかったのです．1980年代前半までは，失業率は徐々に上昇してはいましたが，2-3年程度の短い期間で見ると大きく変動することなく安定的に推移していたのです．ただ，失業率は図に示されているように長い期間にわたって傾向的に上昇してきています．このことにはさまざまな理由があるとされていますが，例えば女性の労働力率が高まったことがその理由だなどと言われています（平成10年版労働白書）．

　こういった近年の失業率に見られるメリハリのある動き，つまり，失業率が景気とともに大きく上がったり下がったりするようになった，ということは，どういうことを意味しているのでしょうか．ここでは，それを，近年は失業者が，農外の企業に対する労働力供給を担っていることの表われと考えたいと思います．つまり，かつての日本経済は，国内の農業から供給される

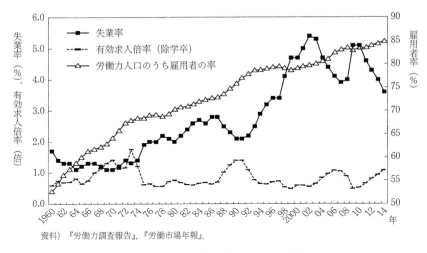

資料）『労働力調査報告』，『労働市場年報』.

第 10‑2 図　労働市場の動向（全国）

　労働力に大きく依存しながら成長していました．言うならば，**農家労働力依存型**の経済成長を行っていたわけです．しかし，今日では，先ほど述べましたように，もはや国内の農業に新たな労働力の供給の面で依存することができなくなりました．そこで，不況の時期に失業者が作り出され，そして好況の時期には不況期に作り出された失業者を企業が吸収する，そういう形の経済の在り方に転換してしまったのです．言うならば，日本経済は，**失業者依存型**の経済に転換してしまったのです．その転換の時期が，1980 年代の中頃であったと考えます．

　では，こうやって失業者依存型の経済に転換すると，それにともなって他にどんなことが起こっているのでしょうか．例えば，失業者依存型の経済では，企業に雇われている労働者の一部を，企業にとって都合のよい時にいつでも解雇することができる状態に置く必要が，誠に残念なことに，社会的に生じてきます．こうして，1980 年代以降，いわゆる非正規雇用従事者が急速に増加してきています．非正規雇用従事者とは，雇用上の身分が，パート，アルバイト，派遣社員，契約社員，嘱託の形で雇用されている人達です．い

まや非正規雇用従事者は，全雇用者の４割にも達しています．非正規雇用従事者は，解雇についての保護規制の対象となっている正社員と較べて，不況時には真っ先に企業による解雇・雇い止めの対象となる存在です．このことは，リーマンショックの時に問題になった「派遣切り」がよく示しています．

次に，このように農家労働力依存型から失業者依存型への経済の転換が行われるにともなって，日本経済の活力は，大きく削がれてしまいました．農家労働力依存型の経済の下での経済成長は，国内の農家に豊富に存在していた労働力を吸収しながら行われていたものでした．ですから，農家労働力依存型の経済は，きわめて活力に満ちたものでした．それに対して，失業者依存型の経済では，定期的に失業者が作り出されなくてはなりません．多くの場合，それは社会的な摩擦をともなう困難な過程です．また，作り出される失業者の量も，政治問題も絡みますから，そもそもそれほど大量というわけにはいきません．こうしたことの結果として，失業者依存型の経済は，長い期間にわたる不況と，労働力の量的制約による底の浅い好況のために，概して停滞的な経済になってしまったのです．

しかし日本企業はこうした状況を前に手を拱いているわけではありません．日本企業の発展は，こうした労働力の制約のないところで，つまり途上国を活躍の舞台としながら行われるようになりました．第10-3図に見るように，1980年代に起こった，農家労働力依存型から失業者依存型への経済の転換と時を同じくして，日本企業の対外直接投資が急速に増加しています．対外直接投資というのは，海外で事業活動を行うために日本企業が投資をすることです．外国への投資には，事業活動を行わずに，債券や株を購入したりするためのものもあります．これを間接投資と言いますが，こういったものと区別するために，事業活動を行うものを直接投資と呼んでいるのです．投資先の地域は，北米，ヨーロッパ，アジアが中心でした．『平成7年版通商白書』は日本企業による対外直接投資の要因を分析していますが，それによると，「80年代後半から起った我が国企業の直接投資の盛り上がりは，欧米諸国への摩擦回避型と東アジア向けのコスト指向型を中心としたものであっ

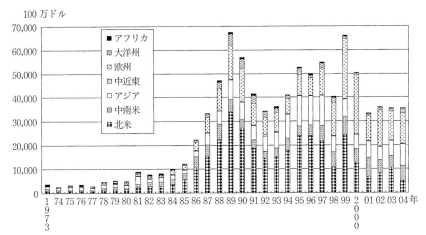

100万ドル

注1)　図示している数値は，届け出・報告ベースで，投資引き上げを計上していない．2004年度で終了．
　2)　図示している時期以降について別資料でネットの数値を見ると，2005年：455億ドル，09年：747億
　　　ドルで推移し，近年はさらに増加．地域別構成比はアジアと北米が多く，05-14
　　　年に，それぞれ，30-44％，28-40％で推移．
資料)　1973-2004年『海外直接投資実績』，2005年以降JETRO.

第10-3図　日本企業の対外直接投資の推移

た」としています．ここで，摩擦回避型というのは，日本企業による商品輸
出が外国で失業を生み出しているという批判がその当時ありましたので，日
本企業が外国に出向いていって現地で人を雇うならば文句はないだろうとい
うことで，直接投資が行われていたのです．他方のコスト指向型というのは，
途上国の低賃金労働力を雇って企業がコストを引き下げるということです．
東アジア，とりわけ東南アジア途上国と中国の農村には豊富な労働力があり
ましたし，東南アジア途上国では今日でもあります．しかし中国ではすでに
労働力不足になってきているとも言われております．そういった豊富な労働
力を利用するために，日本企業はこうした地域に進出していったのです．

転換期後の日本農業と「食料・農業・農村基本法」

　日本経済が失業者依存型になったことの結果として最後に述べるのは，国
内の農業・農家の位置づけが変化したということです．かつて，農家労働力

依存型の経済のもとで，日本の農家が，非1次産業への労働力供給源であった時代には，日本の農業政策の基調には，農民層を分解してそこから他産業に労働力を供給することが貫かれていたことを否定できません．しかし，失業者依存型の経済へと変わって，農家がもはや他産業に労働力を供給する役割を果たさなくなった時に，農業政策の基調が大きく転換したと考えられます．失業率が高くなったことや，高齢化社会の深まり，むしろこういったことを強く意識しながら農業政策は立てられるようになったのです．つまり，農業・農家は，時に失業者が一時的に避難する場所であったり，また，引退した労働力が老後に隠居する場所としての役割をも客観的には担わされることになってきたのです．

農業・農家のこういった役割を体系化した法律が，1999年に制定された「**食料・農業・農村基本法**」だと考えます．これを略して「新農業基本法」と呼ぶことにします．全部で4章43条と6条の附則から成る「新農業基本法」の条文を読んでみますと，農政研究者の間でしばしば指摘されることなのですが，それらの条文には矛盾があることに気づかされます．

どういう矛盾か，と言いますと，「新農業基本法」は，一面では，いわゆる4つの理念，すなわち，食料自給率の向上，農業の多面的機能の発揮，農業の持続的発展，農村振興，これらを唱えながら，農業への人材確保と農村が持つセーフティネット機能の向上を目指しています．これを「新農業基本法」が持つ**セーフティネット機能強化面**と呼ぶことにしましょう．セーフティネット機能とは，人々の生活や仕事を保証する機能のことです．しかし「新農業基本法」には，こういったセーフティネット機能強化面がある一方で，他方では，農業経営の「効率化」と「規模拡大」が必要との認識も同時に盛り込まれておりまして，先に述べた，1961年の「農業基本法」以来の，農民層を分解し，労働力を農業から放出する姿勢を，相変わらず維持している面もあります．これを，「新農業基本法」が持つ，**分解促進面**と呼ぶことにしましょう．

「新農業基本法」が，こういったセーフティネット機能強化面と分解促進

面の両面を持っていることは，「新農業基本法」に矛盾した性格を与えます．このことは，セーフティネット機能強化面ではなるべく多くの農業就業人口を作り出すことが目的であるのに対して，分解促進面では，それとは全く反対に，農業就業者を一部のエリート農民に絞りこもうとするからです．

　「新農業基本法」がこうしたバラバラで矛盾した性格を持っていながら，それがなんとか1つの体系としての体面を維持していられるのは，「新農業基本法」が，限時法の性格を持っているからです．限時法を広辞苑で引いてみますと，有効期限をあらかじめ定めた法とあります．では，どうして「新農業基本法」が限時法的性格を持っていると言えるのでしょうか．

　それは，「新農業基本法」には第15条があるからです．「新農業基本法」の第15条には次のように書いてあります．すなわち，「政府は，食料，農業，及び農村に関する施策の総合的かつ計画的な推進を図るため，**食料・農業・農村基本計画**，通称，基本計画を定めなければならない」．そして，第15条の7項にはさらに次のように書いてあります．「情勢の変化や施策の効果に関する評価をふまえて，基本計画は，おおむね5年ごとに変更しなくてはならない」．「新農業基本法」に限時法的性格があるとしたことがお分かりいただけたでしょうか．「新農業基本法」というのは，だいたい5年おきに農業政策の基本的な方針を大きく変更することを予定している法律なのです．そしてそのことを，5年おきの「基本計画」によって行うことを決めた法律なのです．

「食料・農業・農村基本計画」

　「基本計画」は，過去に既に4回制定されました．2000年，05年，10年，15年です．2000年と言うと，平成不況期の終わりの頃です．この時に定められた「基本計画」は，45%という食料自給率の努力目標値を謳い，「新農業基本法」が持つ，セーフティネット機能強化面を強く打ち出したものでした．続く05年の「基本計画」は，平成不況期とは打って変わって好況の時期に作られたものです．05年の「基本計画」では，「品目横断的経営安定対

策」というものが最大テーマの１つに掲げられました．「品目横断的経営安定対策」は，補助金を支給する対象を，最初から，一部の農家や団体に絞り込む，というものです．これは，非常に選別的性格，つまり農業者をふるい分ける性格を持ったものでして，「新農業基本法」が持つ分解促進面が前面に出ています．10年の「基本計画」は，リーマンショック後の不況期に制定されたものですが，自民党・公明党から民主党へと政権交代がなされたこともあり，食料自給率目標が50％に引き上げられ，さらには「戸別所得補償」が導入されて，農業・農村が持つセーフティネット機能が強調されています．そして，15年の「基本計画」は，自民党・公明党に政権が戻った後の，いわゆる「アベノミクス」下の好況期のものと言えますが，農地中間管理機構を通じた大規模経営への農地集中が目指され，TPP対応をも睨んだ分解促進的な内容になっています．

こういった振幅を簡単に見ただけでも伺い知れますように，「新農業基本法」とは，日本経済が失業者依存型になった，そういうことに対応した農業に関する基本法と言えます．そして，景気局面に応じて，景気の良い好況の時期には，「新農業基本法」が持つ分解促進面が政策的に強調されます．しかし，反対に，景気の悪い不況期には，農業・農村のセーフティネット機能強化面が強調されます．こういったことが可能であるのは，「基本計画」がおおむね5年ごとに変更され，農業政策の基本方向を，景気局面に応じて柔軟に変更することが可能になっているからです．

この章の議論をまとめます．戦後の日本経済は，当初は農家労働力依存型の経済成長を行っていました．しかし，1980年代に農家労働力が既に枯渇していることが明白になってきますと，国内では，失業者依存型の経済に転換します．他方では，日本企業は急速に東アジア途上国などの海外に展開して行って，そこで新たな環境の下で蓄積を行っています．また，農業政策も，分解促進的な「農業基本法」から，不況期には農業・農村のセーフティネット機能を強調する「新農業基本法」に変化しました．

以上，「東アジアコンプレックス」の「中心」の動きを見たわけです．な

お，前の章で述べた新国際分業論では，先進国の企業が多国籍化するのは 1970 年代ということでしたが，この章で見た日本企業の多国籍化は 80 年代中頃以降です．後発の日本では他の先進国と較べて国内に農家がたくさん残っていたので，戦後の経済成長は，長い期間にわたって農家から供給される労働力に大きく依存することができたのです．

参考文献

大内力編集代表（2000）『日本農業年報 46：新基本法：その方向と課題』農林統計協会．

国民経済研究会編（1981）『農業自立戦略の研究』総合研究開発機構．

通商産業省編（1995）『平成 7 年版通商白書』．

並木正吉（1960）『農村は変わる』岩波新書．

農村地域工業導入促進センター（1981）『農村地域工業導入実施計画市町村における農用地の利用集積等に関する調査報告書』．

弘田澄夫（1986）『農家労働力の統計分析』農林統計協会．

労働省編（1998）『平成 10 年版労働白書』．

第11章
ベトナムの経済発展と農民層分解

「東アジアコンプレックス」の「中心」と「周辺＝辺境」

　前章では，「東アジアコンプレックス」の「中心」にある日本の動きを見ました．「東アジアコンプレックス」というのは，日本を「中心」とし，東南アジアを「周辺＝辺境」とする地理的なまとまりを指すとしたのですが，前章では，そのうち日本における第2次世界大戦後の経済の動きを見ました．そこでは，日本経済は，1980年代中頃に，それまでの農家労働力依存型から失業者依存型へと転換したとしました．失業者依存型の経済の1つの特徴は，労働力不足のために活力に乏しい，停滞したもの，ということでした．そのため，日本企業は，東アジア途上国に労働力を求めて，多国籍企業として展開していたわけです．ここでは，日本経済と日本企業の2つの言葉を使い分けていることに注意して下さい．

　本章では，「東アジアコンプレックス」の「周辺＝辺境」である東南アジアでどういうことが起こっているかを見てみたいと思います．

　もっとも，ここでは，東南アジア全体を取り上げるのではなくて，ベトナム南部のメコン河デルタを例に見てみたいと思います．ただし，ここで直接に例として取り上げるのはメコン河デルタですが，そこで言えることは，特にこれから述べる工業化や農民層分解と関わることは，大なり小なり東南アジアの他の国でも言える，こういうことは申し上げてよろしいと思います．つまり，ここでメコン河デルタは，東南アジア全域で起こっていることの1

つの例として紹介するということです.

　ところで，外国の話をする時には，対象地域のことをイメージアップしてもらうために，風土や歴史のこともお話しする必要があると思います．そこで，メコン河デルタの風土や歴史の話にも少しおつきあい下さい.

メコン河デルタの風土

　メコン河デルタの風土から始めます．メコン河デルタは，東南アジア最大の河川であるメコン河が，南シナ海に大量の土砂を沈殿させて作りあげた大デルタです．面積は530万 ha と言いますから，関東平野の3倍強の広さがあります．デルタは，カンボジアとベトナム両国にまたがっています．しかし，全面積の4分の3といいますから，大半の面積がベトナム領に属しています．気候は，モンスーン・サバンナ気候帯です．モンスーン・サバンナ気候帯の特徴は，雨期と乾期があることです．つまり，年間降雨量の9割が5月から11月の半年間に集中しています．そして，雨期にはメコン河が氾濫して，多くの地域が洪水になります．しかし，乾期には雨が全然降らなくて，その結果，半砂漠になります．洪水と半砂漠の交代ですから，非常にメリハリの効いた気候です．また，年間の平均気温は27℃もあります.

　なお，メコン河の川面の水位には，1つには，今言った季節的な変化，すなわち，雨期には水位が上がり，乾期には水位が下がる，といった変化があります．しかし，それに加えて，1日の間にも，南シナ海の潮の満ち引きの影響を受けて変化します．つまり，1日2回の上潮の時には，メコン河の水位も上がります.

　そして，こういったメコン河の水位の日変化を利用して，後述の一部の地域では，水田に水を引く際に，独特な方法の灌漑が行われてきました．つまり，南シナ海の上潮の影響で水路の水嵩が高くなった時に圃場に設置してある水門を開けて田に水を入れます．そして，その時に水門を閉めると，水路の水嵩が低くなっても，田から水が抜けません．また，逆に，圃場から排水したい時には，下げ潮の影響で水嵩が低くなった時にその水門を開けます.

第 11-1 図　ベトナム南部・メコン河デルタ（2011 年時点）

水門を開けると，そこから水が抜けていきます．こういった潮の満ち引きを
利用した水田の水管理が可能であるためには，水田が土手によって囲われて
いることが必要です．さらにはその土手が水門を備えていることも必要です．

　なお，メコン河デルタは，カンボジアとベトナム南部にまたがっています
が，そのうちベトナム領内で，デルタの上流，中流，下流という地域区分を
行うことがあります．第 11-1 図で言いますと，上流地域に分類されるのは，
ドンタップ（Dong Thap）省とアンジャン（An Giang）省です．次に，中流
地域に分類されるのは，ヴィンロン（Vinh Long）省，カントー（Can Tho）
省，ホウジャン（Hau Giang）省です．そして，最後の下流地域に分類され
るのは，ベンチェ（Ben Tre）省，チャビン（Tra Vinh）省，ソクチャン（Soc
Trang）省です．以上，合計 8 つの省を上流，中流，下流に分類したわけで
すが，地図には 13 の省が書かれてあります（ホーチミン市は中央直轄市で，

省ではありません）．残りの5つの省はメコン河の水系からはずれているために，こういった上流，中流，下流といった分類にはなじみません．

なお，先ほども述べましたように，メコン河デルタはかなり広い範囲にわたって雨期に洪水となりますが，その深さは地域によってかなり違います．上流地域の洪水は水深3m以上にもなると言われていますが，南シナ海の沿岸部は洪水になりません．

メコン河デルタの開発史

次に，メコン河デルタの開発の歴史を少し振り返ってみたいと思います．

まず，現在のベトナムの支配的民族はキンと言います．しかし，メコン河デルタは，かつてはクメールの人々が住んでいる土地でした．キンは，もともとは今のベトナムの北の方に住んでいた人達です．キンがメコン河デルタの本格的な開発を行うために移住し始めたのは，19世紀以降のことです．時の政府は，グエン朝という王朝でした．この時の開発は，ジャングルであった所に運河を掘って，その周辺で入植や開墾を行うというものでした．この，運河の開削を軸とした開発のパターンは，その後も，今日に至るまで，政府が変わってもデルタ開発のパターンとして定着しています．

デルタの開発が飛躍的に進んだのは，1860年代以降のフランス植民地時代です．特に20世紀初頭でした．メコン河デルタは，19世紀後半から20世紀前半にかけて，フランス領インドシナの植民地でした．植民地の時代に，米に対する外国の需要が増加して，それに応じてメコン河デルタでは水田の造成が大規模に進みました．そのため，水田の面積は，短い間に飛躍的に拡大しました．1888年に75万haしかなかった水田の面積は，1931年には213万haになりました．40年ちょっとの間に3倍になったのです．

ただ，こうやって開墾された土地の，その少なくない部分がフランス人やベトナム人の大地主の所有地でした．大地主は自分では耕作せず，土地を小作人に貸し出していました．そして，小作人は地主に対して小作料を支払っていました．

　デルタの開拓は，1920 年代後半は大ブームでしたが，30 年代には世界恐慌の影響で低迷しました．その後，ベトナムは戦乱に巻き込まれていきましたので，メコン河デルタの開拓は，約半世紀間停滞します．デルタで開拓が本格的に再開するのは，75 年にベトナム戦争が終結した後です．

　ここで，メコン河デルタの，伝統的な水稲作の方式を見てみたいと思います．今から見る水稲作の方式は，1960 年代まで広く見られたものです．そこには代表的な 3 つの方式がありました．しかし何れの方式でも，感光性の在来種が用いられていました．稲の成育期間は 180 - 210 日もありましたので，そのことだけからも，常夏の恵まれた気候条件下といえども，米作りを行うことができるのは年に 1 回だけでした．多くの場合，そこに人工灌漑の施設はなく，そのため水のコントロールは行われていませんでした．洪水で河から溢れ出てくる水や，雨水すなわち天水を利用した稲作でした．また，収穫量も 1ha 当り籾 1t から 2t 足らずで，非常に低いものでした．なお，今の日本の米作りでは，1ha 当りで，籾にするとだいたい 7t 程度とれます．

　伝統的な水稲作の方式を，以下では，デルタの上，中，下流地域別に見て行きます．

　デルタの上流地域では，先ほど述べましたように，雨期になるとメコン河の水位が上がり，大量の水が自然堤防を越えて溢れ出し，多いところでは水深 3m を超える洪水になります．フランス植民地時代に，デルタ上流地域の農民達は，この氾濫原の洪水地域に，浮稲（floating rice）の栽培を普及させて，水田面積を一挙に拡大しました．浮稲は，洪水の水位が上昇するにつれて，急速に茎を伸ばしてそれに対応することができる品種です．ですから，茎の長さが，時には数 m に達します．洪水がやってくる前に種をまき，洪水が去った後に収穫する，そういう稲作です．

　デルタの中流地域では，上流地域と較べて雨期の洪水は緩やかです．洪水の時の水深はだいたい 0.5 - 1m ほどになりますが，洪水とともにだんだんと水深が深くなっていきます．ですから，ここでは，安定的に水が漬くところで稲を栽培することが米作りの勘どころとなるわけです．そのために，同じ

稲を，1回だけではなくて，2回も移植する，独特な稲作が行われていました．つまり，洪水の水位が上昇するのに応じて，水田のより広い面積に安定的に水が漬くようになるのですが，水田の水が安定的に漬く範囲が広がるのに応じて，作付けの範囲が広がるよう，2回にわたって移植するわけです．こういう言い方をすると，地面が均平な水田を見慣れている皆さんにはちょっと分かりづらいかもしれませんが，地面が均平ではないために，洪水の初期にはまばらな水の漬き方をする水田を思い浮かべていただければ今述べたことを分かってもらえるのではないかと思います．

その他に，メコン河の水系から離れているところや，下流地域では，洪水の水は漬きませんが，先ほどの潮の満ち引きや雨水に依存して水稲作が行われているところがありました．そういうところでは，日本人にとっては見慣れている1回移植の稲作が行われていました．

歴史の概説に戻ります．ベトナム戦争中の1970年代の前半に，南ベトナムの政府は，農地改革を実施しました．ベトナム戦争というのは，ベトナムが南北2つに分かれて戦った戦争ですが，そのうち，米国の支援を受けてメコン河デルタを統治していたベトナム共和国の政府が60年頃に行った第1回目の農地改革が不徹底なままに終わったので，70年代の前半に第2回目の農地改革を行ったのです．その時，15haが地主の土地所有上限面積とされました．つまり，地主は，この時，15ha以上の土地を手放さなければならなかったのです．しかし，15ha以下の面積の土地ならば自由に持つことができたかと言うと，そういうわけではありませんでした．15ha以下の場合も，自分で農業を行う場合に限って，農地の所有が認められました．

さらに，国が接収した農地は，3haを上限の面積としながら，小作人に無償で譲り渡されました．その結果，メコン河デルタでは，1970年代の前半に地主の土地所有が無くなって，農民による土地所有が確立しました．一般に，土地が農民の所有になると農業の土地生産性が発展する，つまり，面積当りの農業の収穫量が増えると言われます．日本でも，第2次世界大戦後に農地改革が行われて，それまで地主が所有していた土地が小作人のものにな

りました．その結果，多くの自作農が誕生しました．そして，それ以降，日本では農業の土地生産性が飛躍的に向上しましたが，その理由の1つは，農地改革であったと言われています．

　なぜ，農地改革が土地生産性の向上をもたらすのかと言いますと，1つには，それまで小作料として地主にとられていた分を，農民が自分のものにすることができる，そして，それを，新しい技術を農業に導入するための投資に回すことができるようになるからです．そして，投資用の資金ができるだけではなくて，農民は，土地が自分のものになると，そうした資金を，安心して土地と結びついた投資に振り向けることができるようになるのです．土地改良や灌漑施設の設置など，投資した資金を回収するのに長い年数がかかる土地への投資は，自分が土地の所有者でないと，なかなか安心してできるものではありません．さもなければ投資した資金を回収する前に土地を地主に返さなくてはならなくなる恐れがあるからです．こうして，メコン河デルタでは，1970年代の前半に，農業の土地生産性の発展を可能とするような，土地の制度的条件が整備されたのです．戦争中ではありましたが，一部の地域で，新しい，収穫量の高い，近代的な稲の品種の作付けが始まりました．IR5 や IR8 といった，フィリピンの国際稲研究所（IRRI）で開発された品種です．

　そして 1975 年にベトナム戦争が終わりました．さらにその翌年の 76 年に，南北ベトナムが北の主導で統一されました．つまり，その年に，北緯 17 度線にあった南ベトナムと北ベトナムの境界が取り除かれたのです．そしてその直後に，メコン河デルタを含む南部では，政府による農業集団化が進められました．農業集団化というのは社会主義の農業のやり方です．それまで家族で行っていた農業をやめて，農業をグループでやるようにしたのです．しかし，南部の農業集団化は完全に失敗でした．何がダメだったかというと，一生懸命働こうが働くまいが，同じだけの給料しかもらえないという平等主義的なシステムのもとでは，なかなか人々のやる気を引き出すことができなかったと言われています．こうして，南部の農業集団化は農業生産の深刻な

停滞をもたらしました.

　そのために,集団農場による農業生産は,その設立直後から徐々に変更されていって,ついには,ドイモイ政策という経済の自由化・対外開放政策が採用されるにともない,1980 年代末に大幅に軌道修正されます.ドイモイ政策のもとで,メコン河デルタでは,集団農場が最終的に解体されました.そして,もとの家族経営の農業が公に認められるようになりました.家族経営のもとで,メコン河デルタの農民たちは再びやる気を取り戻したようです.ドイモイ政策とともに農業生産が大幅に向上しました.なお,ドイモイというのはベトナム語ですが,日本語に訳す時には,「刷新」という言葉が使われます.

　ドイモイ政策のもとで,先ほど紹介したような,伝統的な稲作は徐々に姿を消していきます.代わって,国際稲研究所で開発された IR 系の近代品種が急速に普及して行きます.IR 系近代品種は,先ほど 1970 年頃に導入が始まったと述べましたが,戦争や農業集団化にともなう混乱があって,なかなか普及しなかったのです.それが,ドイモイ政策のもとで,90 年代以降に,一挙に普及したのです.IR 系品種の特徴は,①非感光性であること,②100 日以下と成育期間が短いこと,そして,③高収量ということです.IR 系品種が普及する過程は,同時に,いくつかの新しい技術が普及する過程でもありました.すなわち,水稲の直播,2-3 期作,農薬・化学肥料の使用,簡易ポンプによる灌漑の普及です.こうしたことから,第 11-2 図に見るように,デルタにおける米の生産量は急速に増加しました.

ドイモイ政策期の経済発展

　ドイモイ政策期に発展したのは農業だけではありません.国全体の経済が発展したのです.1990 年から 2013 年の GDP の年平均成長率を見ると,7%程度もあります.経済全体の成長を引っ張っているのは,やはり,工業です.ドイモイ政策期の工業の成長は,外国企業によるベトナムへの直接投資を原動力とするものでした.国全体の外国企業への開放政策と,さらには積極的

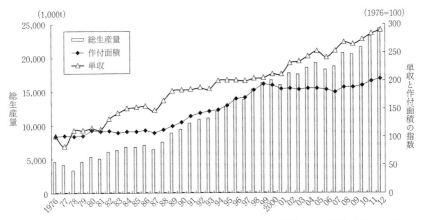

資料)　*Statistical Year Book of Vietnam. Cuc, N. S., Agriculture of Vietnam: 1945–1995*, Statistical Publishing House, 1995.

第11-2図　メコン河デルタにおける籾生産量の推移

な外国企業誘致政策がそのことをもたらしています.

　投資する企業を国別に見ると, 日本, シンガポール, 中国, 韓国, といった, 東アジアの企業が中心です. そして, 企業が投資する場所は, ベトナム南部では, 大都会のホーチミン市, およびその周辺に集中しています. 反対に, 農村地域では, 経済発展とともに徐々に状況は改善してきてはいるものの, まだまだ中小企業やサービス業の展開が遅れる, という, 発展の地域間格差があります. その結果, デルタの農村から大都会への, 労働力移動のパイプが形成されたのです. また, 都市部には, 露店や屋台での物売り, 路上の水売りや靴磨き, バイクタクシー運転手など, いわゆる都市雑業層と言われる人々がいます. そして, 彼らのうちのかなりの部分が農村出身者と言われております.

　ドイモイ政策期の工業化による急速な経済発展とともに, ベトナム全国で第1次産業に就業する人口の比率は, 徐々に減ってきました. しかし, 減ってきたとはいえ, 2012年時点でまだ48%もあり, いまだに豊富な農村人口を抱えていると言えます.

　では，こういった工業に導かれる経済発展に，農業は，どのように関わっているのでしょうか．農業発展が工業の発展に及ぼす影響については，Johnstone 達が包括的・体系的に整理していますので，ここではそれを参考にさせていただきます．しかし，Johnstone 達が述べたことを，ここでそのまま紹介するのではなくて，さらに，それを，以前にもお話ししたことがある農業市場論的視点から整理して紹介させていただきます．

　農業発展が工業の発展に及ぼす影響の第1は，**農家購買品市場を通じた寄与**です．農家購買品市場を通じた寄与とは，農業発展の結果である農村住民の所得の向上が，工業製品に対して市場を作り出す，ということです．そして大きくなった農村の市場が，工業の発展に大きく貢献するということです．工業がまだ充分に発展していない，工業発展が初期の時代には，当然ながら人口の中で農村住民が占める比重が圧倒的です．こういったことを考えますと，工業発展が初期の時代には，農村住民の購買力（ものを買う力）の向上が工業発展にとって持つ意味は，非常に大きなものです．さらに，先ほども述べましたように，農業の近代化は，化学肥料や農薬などの工業製品の農業への投下によってもたらされます．したがって農業の近代化は，こうした農業投入財に対する市場を拡大するのです．以上が，農家購買品市場を通じた寄与です．

　農業発展が工業の発展に及ぼす影響の第2は，**資金提供を通じた寄与**です．つまり，工業発展には資金が必要ですが，その資金が，農民が支払う税金や農民による貯蓄の形をとって，農業から工業へと移動する．こういうことは，工業発展の初期に，どこの国でもよく見られることです．農業発展は，こういった，工業が発展するために必要な資金を，農村内部に作り出すわけです．以上が，資金提供を通じた寄与です．

　農業発展が工業の発展に及ぼす影響の第3は，**労働と土地の市場を通じた寄与**です．すなわち，農業で労働生産性と土地生産性が向上すると，国内の食料を確保するために農業が保持しなければならない労働力と土地の量が減少します．そうしますと，その分，それまで農業が持っていたこういった資

源（労働力と土地）を，農業から工業に振り向けることが可能になります．以上が，労働と土地の市場を通じた寄与です．

　なお，途上国の開発問題を扱う学問に，開発経済論があります．そして，その開発経済論の中に，2部門経済論という重要な理論があります．2部門経済論の提唱は，Lewis という経済学者が 1954 年に書いた論文の中で行いました．さらに，Fei と Ranis は，64 年に書いた論文の中で，2部門経済論をモデル化しました．こういった2部門経済論が途上国の経済発展で特に重視するのは，今，筆者が第3点目の中で述べました，労働市場を通じた寄与です．ただし，2部門経済論では，経済発展の初期段階では，農業で労働生産性の上昇がなくても，過剰就業状態にある農業から，工業への労働力移動があることを指摘しています．

　さて，以上が，Johnstone 達の議論，つまり農業発展が工業の発展に及ぼす影響の議論を，農業市場論的視点から整理して紹介したものです．では，私達が当面している，ドイモイ政策期のベトナムにおける農業と工業の発展の関係の問題，つまり，農業発展が工業の発展に及ぼす影響の問題に，今紹介した議論を当てはめてみると，どのようなことになるのでしょうか．1つひとつ検討してみましょう．

　まず，農家購買品市場を通じた寄与ですが，結論から言いますと，これは今のところベトナムにはあまりあてはまらないように思います．なぜならば，先ほど述べましたように，ベトナムの経済発展は，日本企業をはじめとする，外国企業による，ベトナムへの直接投資を原動力とするものだからです．こういった外国からベトナムに投資する企業は，当面は，ベトナムの国内市場をあてにしながら生産活動を行っているのではありません．そういった外国の企業は，ベトナムで生産したものを，ベトナムで売ることを目的にしているというよりは，むしろそこから外国に向けて輸出することを主な目的としながら生産を行っているのです．ただし，筆者は，ベトナム国内の市場には将来性がない，と述べているのではありません．それどころか，9,000 万を超える人々の所得が向上した暁には，ベトナムは巨大な市場になる．そして，

現在のベトナムの経済発展が続くならば，近い将来にそうなる可能性がある．
そういう見通しのもとに，企業は，先行投資の意味をもこめて進出している
のです．

　では，第2の，資金提供を通じた寄与はどうでしょうか．結論から言いま
すと，これもベトナムには今のところはあまりあてはまりません．繰り返し
になりますが，ドイモイ政策期のベトナムの経済発展は，外国企業の直接投
資によって行われているものです．国内の，ましてや農業で形成された資金
を使って行われているものではないと言えます．

　最後に，第3の，労働と土地の市場を通じた寄与を見てみたいと思います．
これは，先ほど，労働と土地，と一括しましたが，労働と土地の市場では少
し事情が違いますので，以下では分けて考えたいと思います．

　まず，土地市場ですが，そもそも工業生産は農業生産と較べてはるかに少
ない土地面積しか必要としません．ですから，農業発展の結果，農業から工
業に土地を移すことが可能になるので農業発展は工業の発展をもたらすのだ，
という議論は，そもそも少し大袈裟な感じがします．

　では，労働市場はどうでしょうか．先ほど，ドイモイ政策期の工業化によ
る急速な経済発展とともに，第1次産業に就業する人口の比率は，徐々に減
ってきた，と述べました．そして，メコン河デルタの農村からホーチミン市
への，労働力移動が見られる，とも述べました．こうしたことから，労働市
場を通じた寄与の方は，どうもベトナムの現状に当てはめることができそう
です．農業が発展すると，農業が確保しておかなければならない労働力の量，
農業で就業させておかなければならない労働力の量が減少する．そうすると，
その分，それまで農業で働いていた労働力を，農業から工業に振り向けるこ
とが可能となる．そういうことが，農業発展が経済発展に及ぼす，労働市場
を通じた寄与です．

　しかしながら，Johnstone達の議論には，残念ながら，農業から工業への
労働力移動のメカニズムがどのようなものであるのかという点の指摘があり
ません．農業で労働生産性が上がると，人手が減っても十分な食料供給をす

ることができるようになるから，工業に人手を回すことができるのだという，こういう Johnstone 達の議論は，農業から工業に労働力を移動させることが国民的食料確保の面から見て可能であるのだ，ということを言っているにすぎません．農業で実際にどういうことが起こって，工業に労働力が移っていくのか，そういうことの指摘が，Johnstone 達には無いのです．

　農業から工業に労働力が移る，というのは，過剰人口として何も行っていなかったのでなかったとしたならば，それまで農業をやっていた人達が，農業を止める，ということです．そして，そういうことが少数の人々に起こるのではなくて，社会現象として大規模に起こる，ということです．どうしてそういうことが起こるのか，また，どのようにしてそういうことが起こるのか，それらのことの解明が必要なのです．以前に，筆者は，こうしたことを解明する研究分野を，農民層分解論と呼ぶ，と述べました．そこで，メコン河デルタの農民層分解の実態を，以下で見ることにします．

メコン河デルタの農民層分解

　ここで行うことは，1つは，農業センサスのデータを使った統計分析の結果を紹介することです．第11-1表はこの目的のために作ったものです．なお，農業センサスとは，世界各国で行われている農家の全数調査，すなわち，全ての農家を対象とした調査です．農業センサスの調査項目は，農家労働力，農地，作付けなど，多岐にわたっていて，農業センサスの集計・分析を通じて，1国農業の全体的な資源量や経営状況，およびそれらの国内での地域的な違いを理解することができます．このように，農業センサスは，その国の農業の状況を把握する上できわめて有効なものですが，いかんせん全数調査なので，実施するのに多額の費用がかかります．また，その結果をまとめて，さらにまとめた結果を公表するまでもっていくのにも，やはり費用と，さらには時間がかかります．日本では，農業センサスは農林水産省が5年おきに実施していますが，他の国々の中には，そんなに高い頻度では行っていないところもあります．

第11-1表　メコン河デルタにおける

年	戸	数							
	土地無層	0.2ha 未満	0.2-0.5	0.5-1	1-2	2-3	3-5	5-10	10ha 以上
2006	2,389	2,022	4,764	4,756	3,647	1,342	771	225	27
2011	2,820	6,948		7,998		1,776		226	34

注1)　農家数の合計は「土地無層」を除く.
　2)　「構成比率」は,「土地無層」を除く合計に対する構成比率.
　3)　農地は一年生作物用地,多年生作物用地,林地,養魚池.
　4)　農家は,「全て,またはほとんどの労働力が,直接または間接に,通常は,農業(耕種,畜
資料)　各年農業センサスより作成.

　ベトナムでは,過去,1994年,2001年,06年,11年を対象年にしながら,過去4回行われました.ここでは,そのうち,最近の2回の農業センサスのデータを使って,メコン河デルタの農民層分解の状況を見てみましょう.

　そこで,第11-1表から,今から述べるいくつかの点を読み取りたいと思います.第1に,5ha以上の農地を持つ,面積規模の大きい2つの階層を見ると,そこでは,農地を持つ農家の中に占めるその戸数の比重は何れの年も2階層合計で1%程度と少ないのですが,まず最上層の10ha以上は2,700戸から3,400戸へと,この間2割以上と急速に増加しています.しかし,そのすぐ下の5-10ha層は2万3,000戸で横這いです.

　第2に,農地面積0.5-5haの中間的な規模階層を見ますと,その戸数は何れの年にも土地無層を除く農家のうち6割の過半を占めてはいますが,この間に105万戸から98万戸になり,7%と急速に減少しています.なお,土地無層というのは,農地は持たないけれども世帯員のほとんどが雇用労働の形で通常は農業に従事している世帯のことで,農家の一種です.ただし,土地無層は,農地は持っていなくても,宅地は持っており,さらには自家菜園や庭地を持っていることがあります.

　第3に,農地面積0.5ha未満の零細規模の農家と,さらには土地無層が,両者合わせてこの間6%の増加で,こちらは急速に増加しています.すなわち,0.5ha未満の農家数は,68万戸から70万戸に2%増加しました.また,

保有農地規模別農家数

単位（百戸, ％）

合計	構　成　比　率							
	0.2ha 未満	0.2 - 0.5	0.5 - 1	1 - 2	2 - 3	3 - 5	5 - 10	10ha 以上
17,554	12	27	27	21	8	4	1	0
16,982	41		47		10		1	0

産, 灌漑, 耕起等）に従事している世帯」.

　土地無層は, 24万戸から28万戸へと16％も増加しました.

　最後に, 全体を概観するために農家の総戸数を見ますと, まず, 農地を持つ農家（つまり土地無層以外）の総戸数は, 175万5,000戸から169万8,000戸へと5万7,000戸（3％）減少しました. 他方で, 土地無層の増加数は4万3,000戸あり, 農地を持つ農家の減少数の75％に達しています. その結果, 土地無層も含めると農家の純減は1万4,000戸で, 減少率は1％にすぎません. つまり, 土地無層も含めた農家数が大きく変化しないなかで, 農地を持つ農家の戸数が減少し, その一方で土地無層が増加したということです.

　以上を要するに, この5年間の大きな流れは, 中間的な規模の農家戸数が減少する一方で, 零細規模層と土地無層の戸数が増加したということです. そして, 大規模な農家はマイナーな存在でしたが, その戸数は微増しました. さらに, 農地を持つ農家の総戸数は減少しましたが, それが土地無層の増加によってかなりの程度相殺されたので, 土地無層を含めた総農家戸数の減少は僅少でした.

　では, こういった農民層の分解の動きは, 一体, どういうメカニズムで起こっているのでしょうか. この点については, 農家の経営調査を行って実態を詳しく分析しています（Yamazaki, 山崎）. ここでその結論を要約的に紹介すると, こういった農民層の分解の動きが出てくるのは, 1つは農家によっ

て農業の収益性が違うからです．一方には赤字の農家もいる．つまり，経営のやりかたがまずくて，農業をやっても儲けになるどころか損をする農家がいる．そういう農家は，損失を穴埋めするために，土地を売ってそれを失っていくわけです．ところがその反対側には，うまい経営をやって，利益をあげる農家がいる．こういう農家は利益を積み上げて，そのお金を使いながら農地規模を拡大するわけです．家族員の病気などのアクシデントにともなう臨時の出費も土地を売る理由になります．

　こういうことは，1990年代中頃の調査を通じて確認されたことなのですが，2000年代以降の新しい動きとしてここで特に紹介しなくてはいけないことは，近年は，土地の買い手として不動産業を営む者が介在してきていることです．外国からの資金がメコン河デルタの土地市場に流れ込んできて，急速に農地価格が上昇している．こういう状況の下で，不動産業を営む者による，農地を材料とした投機が行われるようになってきているのです．農地価格が上がる期待の下に農地が買われるのです．農地を，農業を行う目的で購入する場合には，農地価格の上昇は困ったことですが，投機にとっては，それは逆に刺激になるのです．また，農地価格が上昇すると，子供達には平等に農地を相続する必要が生じてきますが，このことも1戸当りの農家が持つ農地面積の零細化をもたらしています．

　ここでは，農民層の分解の動きを，ドイモイ政策期の，ベトナム・メコン河デルタで見ました．しかし，こういった農民層の分解の動きが，近年は東南アジアの広い範囲を覆う動きであることは，従来のいくつかの研究を通じて明らかになっています．そういった研究として，ここでは，参考文献に挙げております2つの仕事を紹介したいと思います．北原淳先生の1985年の本は，タイとインドネシアを対象にしながら農民層分解を分析しています．また，田坂敏雄先生の91年の本は，タイに対象を絞りながら，同様に農民層分解の研究を行っております．

　日本では1980年代中頃を境に外国向けの直接投資が増加しましたが（第10章），この章では，ベトナムで，その頃からドイモイと呼ばれる経済の自

由化・対外開放政策が行われるようになって，日本企業など，外国企業によ
るそこへの投資が進んでいること，そして，それに引っ張られる形で経済が
発展していることを述べました．また，メコン河デルタの農村で，近年，労
働者が生み出される過程である農民層の分解が進んでいることを見ました．

参考文献

北原淳（1985）『開発と農業：東南アジアの資本主義化』世界思想社．

高田洋子（2014）『メコンデルタの大土地所有：無主の土地から多民族社会へフラン
　　ス植民地主義の 80 年』京都大学学術出版会．

田坂敏雄（1991）『タイ農民層分解の研究』御茶の水書房．

山崎亮一（2014）『グローバリゼーション下の農業構造動態：本源的蓄積の諸類型』
　　御茶の水書房．

Fei, J. C. H. & G. Ranis (1964) *Development of the Labour Surplus Economy:
　　Theory and Policy*, Richard D. Irwin.

Johnstone, B. F. & J. M. Mellor (1961) The role of agriculture in economic
　　development, *The American Economic Review*, Vol. 51.

Lewis. A. W. (1954) Economic development with unlimited supplies of labour,
　　Manchester School of Economic and Social Studies, Vol. 22 No. 2.

Yamazaki, R. (2004) *Agriculture in the Mekong Delta of Vietnam*, Louma
　　Productions (Aniane, France).

第12章
西ヨーロッパ・アフリカコンプレックス

第2次世界大戦後のフランス経済と外国人労働力

　ここまで2つの章にわたって東アジアの「中心」と「周辺＝辺境」について述べました．この章は，東アジアと対をなす，西ヨーロッパとサブサハラ・アフリカの話です．ただし，ここでは，筆者の研究対象地である，フランスとサハラ砂漠直下のニジェール河内陸デルタを例にしながら述べます．

　まず第2次世界大戦後のフランスですが，そこでも，日本の「農業基本法」と同様に，1960-62年の「農業の方向づけに関する法律」のもとで，農民層の分解が政策的に推し進められました．しかしそれだけにとどまらずに，戦後フランス経済は，外国からの移民の労働力に大きく依存しながら繁栄しました．移民の主な送り出し地域は，60年代までは，ヨーロッパの農業国が中心でした．特に，イタリア南部の農業地域が，西ヨーロッパ各国への労働力供給地でした．しかし，そのイタリアも，国内北部を中心とするその後の工業発展とともに，次第に移民の送り出し地ではなくなっていきます．

　かわって，1973年のオイル・ショックの頃から急に増えてきたのは，旧フランス植民地を中心とする，アフリカ，アジアの諸国からのフランスへの移民でした．かつてのフランス帝国は，広大な植民地を持っていました．しかし，フランスの植民地は，50年代から60年代初めにかけて，相次いで独立していきました．にもかかわらず，こういった旧植民地からフランスへの労働力の流れがあり，それは今日でも続いています．つまり，フランスは，

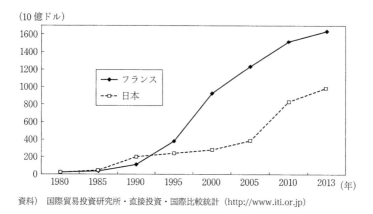

（10億ドル）

資料）　国際貿易投資研究所・直接投資・国際比較統計（http://www.iti.or.jp）

第12-1図　日本とフランスの対外直接投資残高

旧植民地と移民の面で深い繋がりを継続しているのです．

　しかし，その一方で，フランス企業がこういった旧植民地途上国に資本を投下して，そこで事業活動を行って労働力を雇い入れる，こういう動きは，第2次世界大戦後は，一貫して停滞的でした．つまり，フランス企業による途上国への直接投資の動きは，戦後はそれほど活発には行われませんでした．もっとも，第12-1図で見ると，フランス企業の対外直接投資は，日本企業同様に1980年代以降やはり増えています．それどころか，2000年以降は，むしろ日本企業以上に増えていると言ってよいでしょう．しかし，20世紀末の状況を示したものなので少しデータは古いですが，第12-1表で見ますと，フランス企業の投資先はヨーロッパやその他の先進国向けが中心で，途上国，とりわけフラン圏諸国と記されている西・中部アフリカの旧植民地は少なくなっています．つまり，フランス企業による途上国の労働力の利用の仕方は，国内への移民を雇うのが主だったと言ってよろしいと思います．

　フランス企業が途上国で対外直接投資を活発に行ってこなかったということは，一方では，フランスと今日でも政治的・経済的に関係の深い旧フランス植民地途上国における経済発展，とりわけ，アフリカ諸国の経済発展について考える場合に，そこの経済発展に必要な資本が，外国からはやってこな

第12-1表　フランスの地域別対外直接投資残高

	1998年末		1999年末	
	10億フラン	構成比率	10億ユーロ	構成比率
EU 諸国	666	52.0	142	50.8
EU 外欧州先進国	54	4.2	10	3.6
非欧州先進国	307	24.0	83	29.7
移行経済国	20	1.6	6	2.0
フラン圏諸国	10	0.8	2	0.7
アジア NICS	37	2.9	6	2.3
中南米	73	5.7	14	5.0
その他	114	8.9	16	5.9
合計	1,281	100	279	100
CECD 諸国	1,057	82.5	241	86.4
非 CECD 諸国	224	17.5	38	13.6

注）　メキシコは非欧州先進国に含まれている.
資料）　*Bulletin de la Banque de la France* No 76 Avril 2000, No 91 Juillet 2001.
　　　（http://www.banque-france.fr）

かったことを意味しています.

　こういったフランス企業の動きは, 前の章で述べた日本企業とは非常に違います. 日本政府は, 国内への移民の受け入れには消極的です. しかし, 反対に, 日本企業は積極的に途上国へと進出していって, そこで資本を投下し, さらに事業活動を行って現地で人を雇う, こういうことを, 東アジアの途上国を中心に活発にやってきました. このことは, 一面では東アジア途上国の工業化と経済発展をもたらしてきたわけです. しかし, アフリカの旧フランス植民地では, 外国から資本がやってこないので工業化が進まず, 経済は停滞的でした.

　こういう流れの背景として, 東アジアでは, 工業化に必要な労働力が, 農民層の分解を通じて供給されている, ということを, 前章ではメコン河デルタを例にしながら述べました. 東アジアでは, 工業化のための労働力が, 農民層の分解の結果として豊富なのです. そういった豊富な労働力を利用するために, 先進国から資本が投下されて, 事業活動が行われているのです. では, アフリカではどうなのでしょうか.

メイヤスーの学説

　アフリカの農業・農村から資本制的な企業への労働力供給の問題を考える際に外すことができない学説に，クロード・メイヤスーの議論があります．そこで，これから，氏の学説を紹介しながら検討します．

　メイヤスーの主著は，1975 年に出版された『家族制共同体の理論』です．その原文はフランス語で書かれていますが，日本語の翻訳も出ています．この本は，大きくは 2 つの部分から成っています．第 1 部は，家族制共同体というものについて考察しています．第 2 部では，途上国の低賃金の問題を扱っています．ここで検討の対象にするのは，このうち，第 2 部です．まず，メイヤスーの議論を紹介し，次いでそれを検討します．

　メイヤスーの議論を紹介するにあたり，最初に指摘しなくてはならないのは，メイヤスーの議論は，サハラ砂漠以南のアフリカ，すなわち，しばしばサブサハラ・アフリカと言われている地域を対象としている，ということです．サハラ砂漠の位置は，第 12-2 図の地図上に示してあります．では，メイヤスーは，サブサハラ・アフリカに，どういう問題を見たのでしょうか．

　それは，「サブサハラ・アフリカでは慢性的な労働力不足である．いつも人手不足である．では，人手が足りない，労働力が不足しているから賃金は高いか，というとそうではない，実際はその逆で，サブサハラ・アフリカでは先進国と較べて低賃金だ．」ということです．このように，メイヤスーは，サブサハラ・アフリカでは先進国と較べて低賃金だと言い，そのことに焦点を当てて分析したのです．しかし，この本からは離れますが，サブサハラ・アフリカの賃金については，もう 1 つ別のことがしばしば言われています．つまり，サブサハラ・アフリカの賃金は，東アジアの途上国と較べると高賃金だ，というのです（平野）．そして，これもまた真理と言えます．

　つまり，サブサハラ・アフリカの賃金は，先進国と較べて低いが，東アジア途上国の賃金と較べると高い，そういう両面性を持った賃金なのです．サブサハラ・アフリカの賃金について考えるにあたっては，この両面性を考えなくては片手落ちになってしまうのですが，メイヤスーの学説は，この両面

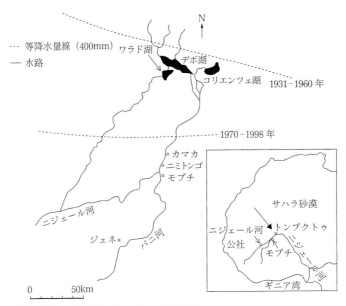

資料）　*Atlas du Mali: 2e édition*, Paris, 2001, p.21.

第 12-2 図　ニジェール河内陸デルタ地方

性のうち，前者の面に焦点を当てている，より正確には，その面だけを見な
がら分析を行っているのです．こういう点を確認した上で，では，どうして
低賃金なのか，というメイヤスーの議論を見てみたいと思います．

　この低賃金問題を考えるにあたり，メイヤスーは，マルクスに由来する**労
働力再生産費**という概念を使います．そして，メイヤスーは，賃金は次の 3
つの部分から成っている，とします．すなわち，1 つは，労働者の就業期間，
すなわち働いている期間中の生活維持費です．2 つ目は，労働者の非就業期
間，つまり働くことができない期間の生活維持費です．働くことができない
理由は，失業，病気，ケガなどです．3 つ目は，労働者が子供を養育するた
めに必要な，労働者の世代をまたがる更新費，または再生産費です．

　資本制社会では，企業が労働者に対して支払う賃金や，社会保障を通じて
これら 3 つのものが支払われているのです．ここでは，社会保障を通じた支

払いも，広い意味での賃金と考えています．企業が自分で雇っている労働者に対して直接に支払う賃金を直接的な賃金支払いと言いますが，社会保障を通じて国などが支払うものは，間接賃金と言われています．

では，資本制的な企業が農家出身の労働力を雇い入れている場合はどうでしょうか．この場合，資本制的な企業は，農家など家族経営の中で生まれて，そこで育ってきた労働力を，こういった労働力を育てるために必要であった養育費を支払うことなく利用することができます．そして，そういった労働力を利用していない期間は，解雇して，家族経営に送り返すことができます．資本制的な企業は，こういったことを行うことによって，労働力再生産費のうち，先に述べた3つ目の，労働者の世代をまたぐ再生産のための費用や，2つ目の非就業期間の生活維持費，さらには労働者が農家から通勤している場合や出稼者に実家から食料が送られる場合には，1つ目の就業期間中の生活維持費の少なくとも一部を，家族経営に押しつけながら，倹約することができるのです．つまり，資本制的な企業は，労働力再生産費のかなりの部分を，農家などの家族経営に押しつけることができる．そして農家に負担を押し付けながら，農家の労働力を低賃金で使うことができるのです．

こういったメイヤスーの学説は，先ほども述べましたように，サブサハラ・アフリカの労働者の賃金が，なぜ先進国の労働者の賃金と較べて低いのかを説明しようとしています．つまり，資本制的な企業は，サブサハラ・アフリカの労働者の労働力再生産費の一部を，農家などの家族経営に押しつけることができる，だから低賃金だと言うのです．資本制的な企業は，本来は，自らが賃金として支払わなければならないものの一部を，家族経営に肩代わりしてもらっている．だから，自分が賃金として支払う部分を少なくすることができる，つまり，低賃金の支払いが可能になっていると言うのです．

ところでこういった議論を，メイヤスーは，サブサハラ・アフリカを対象にしながら展開しているのですが，実は，農家などの家族経営が労働力再生産費の一部を肩代わりしているから低賃金なのだという議論があてはまるのは，特にサブサハラ・アフリカに限定されたものではありません．農業が国

の経済の中でなお重要な位置を占めていて，農家が分厚く存在しているところでは，どこでも見られるものです．第10章で述べたように，日本でも，かつてはこういう状況が見られました．

サブサハラ・アフリカの農家と共同体

　以上が，サブサハラ・アフリカにおける労働者の賃金が低い説明です．しかし，先ほど述べましたように，サブサハラ・アフリカの労働者の賃金には，メイヤスーは注目しなかったけれども，もう1つ別の面があります．つまり，先進国と較べると低いけれども，しかし，東アジアの途上国と較べるとむしろ高賃金だ，ということです．そこで，今度はこうした面を考えてみたいと思います．

　この問題を考えるにあたって重要な着眼点は，サブサハラ・アフリカの農家が**共同体**に守られているということです．では，共同体とは何でしょうか．

　共同体という言葉はよく聞きます．地域共同体，地球共同体，というように，時に他の言葉をともないながら，最近では日常的にもよく使われる言葉です．しかし，経済史の分野で共同体という言葉が使われる時には，かなり限定した意味で使われます．

　共同体とは，一定の領域の土地を共同管理している人間の集団です．土地は共同体の管理下にありますので，共同体所有の下にある，と言います．共同体の中では自給的な農業を中心とする経済活動が行われています．自給的というのは，売ることを主な目的とせずに，自分達で消費することを主な目的としている，ということです．共同体における経済活動の目的は，何よりも共同体を構成している個人の永続です．そして，そのことを土台とした共同体の永続です．この目的を実現するために，共同体では，先に述べた土地の共同管理のほかに，さまざまな慈善活動が行われています．土地の共同管理や，慈善活動を通じて，脱落者を出さないようにする．共同体を構成している1人ひとりの人間がなるべく飢えに苦しまないようにしながら，末永く共同体の中で暮らしていけるようにする．こういう究極目的を達成するよう

組織された人間集団，これが共同体なのです．

　今，共同体という言葉は経済史の分野で，つまり歴史の中でよく使われる言葉だ，と述べました．実際，人類の歴史をさかのぼっていくならば，私達は，多くの場所で共同体と出会うことができます．例えば，19世紀中頃に，イギリスの植民地であったインドからもたらされた現地レポートの中に，ヨーロッパ人は共同体を発見しました．このことは，ヨーロッパ人が自分達の歴史を振り返って見るきっかけとなりました．古代ローマ時代の古文書，例えば，『ゲルマーニア』や『ガリア戦記』といった文献を再検討してみたところ，自分たちの社会の過去の中にも，共同体が存在していることを発見したのです．

　共同体は，多くの地域で，近代以前の社会における人間集団の基礎的な単位でした．正確に言いますと，人間集団の最も基礎的な単位は家族でしたが，家族が寄り集まって社会を形成する際の，その社会の最も基礎的な単位が共同体であったのです．

　では，経済史の分野で出てくる共同体が，つまり，過去の歴史の研究で使う言葉である共同体が，なぜ，現代のサブサハラ・アフリカの分析を行う時に出てくるのでしょうか．それは，サブサハラ・アフリカが，今日でも，共同体が本来の姿を保って生き続けている，地球上でおそらく唯一の地域だからです．

ニジェール河内陸デルタの風土

　ここで，筆者の，アフリカでの調査結果を要約して紹介したいと思います．筆者が2003年以降に調査しているのは，西アフリカのマリ共和国にある，ニジェール河内陸デルタというところです．マリ，などという優しい名前がついていますが，ニジェール河内陸デルタは，サハラ砂漠直下の非常に自然が厳しいところです．

　サヘル地帯ですので，そこで雨水だけで農業を行おうとすると，乾燥に強い作物を作ることができるだけです．穀物でいうと，トージンビエ，フォニ

オ，モロコシといった，日本人にはあまり馴染みのない作物です．その一方で，砂漠の中に大河（ニジェール河）が流れていて，水がないわけではありません．第12-2図の地図上で見ますと，ニジェール河は，マリ国のバマコを通りモプチを経てトンブクトゥ付近に至ると向きを変えて南下します．そして，そこに河川の大湾曲部を形成しています．このあたりを，ニジェール河大湾曲部と言うようですが，そこに，約300万haと言いますから関東平野の倍近い面積の内陸デルタが形成されています．つまり，このあたりは，雨期（*saison des pluies*）の7月末から11月中旬にかけて洪水となり，氾濫水に覆われるのです．そのため，そこは，大半が自然のまま水田となっています．実際，この地域は，中国南部とともに，世界2大稲作発祥地の1つに数えられています．内陸デルタ地域における米作りの歴史は，約3,500年前にさかのぼることができる，と言われています（Portères）．稲作の話も興味深いのですが，ここでは，共同体に話を戻します．この地域の稲作に興味のある方は，第9章の参考文献に挙げている拙著を見てください．

　筆者がマリ国で主に調査をして歩いたのは，このニジェール河内陸デルタ地域にある2つの村，すなわち，ニミトンゴ村とカマカ村です．1998年国勢調査によりますと，ニミトンゴ村の人口は679人，カマカ村の人口は355人です．先ほどの共同体の話と結びつけて言うならば，1つの村が1つの共同体です．

伝統的土地制度

　まず，共同体における土地の管理について述べます．先ほど共同体が土地の管理者だと述べましたが，これは，この地域の慣習でそういうことになっている，ということです．マリ国で定めている近代法の中には，共同体による土地所有の観念はありません．共同体的な土地所有は，あくまで，人々の慣習の中に存在しているのです．

　ところで，ベバリー・ブロックは，近代以前の伝統的土地制度は，次の4つの権利をもって分析することが可能だ，としています（吉田）．すなわち，

「(1) 土地を配分する権利（right of allocation），(2) 土地を使用する権利（right of use），(3) 土地を処分する権利（right of disposal），(4) 土地を復帰させる権利（right of reversion）」です．そこで，これから，対象地の土地制度をこれら4つの権利に視点を据えて見ていくことにします．

　まず，共同体には，共同体による土地所有を人格的に体現する存在，とでも言うべき方がいらっしゃいます．現地で「土地の主」と呼ばれている方です．では，一体，誰が「土地の主」になるのか，と言いますと，「土地の主」になるのは，村の開祖とされる方の子孫です．村の開祖を祖先に持つとされる家の最年長男子が，開祖の霊との一体性の観念に裏打ちされたカリスマを背景に，代々，この「土地の主」の地位を世襲していくのです．この地域には，土地というものは，その土地にやってきて，最初に切り拓いた人のものだ，という観念があります．「土地の主」の地位も，こういった観念に裏打ちされているのです．ただし，いくら「土地の主」でも，共同体の土地を勝手に売り買いすることはできませんし，質に入れるなどして土地を担保にしながらお金を借りることもできません．「土地の主」はあくまで土地の管理を任されているだけで，土地を自分のものとして勝手に処分することはできないのです．

　では，「土地の主」は，実際には何を行っているのでしょうか．1つは，農家に対して，共同体の土地を配分します．これは，先ほどの4つの権利で言うならば，「土地を配分する権利」の行使です．ところで，農家に土地を配分する，ということは簡単にできることなのでしょうか．こういうことができるための条件は，まだ配分されていない土地の予備みたいなものがあるということです．では，対象地に，そういう予備の土地があるのでしょうか．筆者は，調査を行った2つの村の「土地の主」に対して，共同体が所有する耕作可能な土地のうち，何％位が実際に農家に配分されているかを尋ねてみました．すると，何れも半分ぐらい，という答えが返ってきました．この半分という数値がどこまで正確かはちょっとわかりませんが，ともかく，ニジェール河内陸デルタの村々は，広大な未墾地を未だに所有している，とは言

えそうです．なお，マーシャル・サーリンズは，未開社会では，「自然資源
が恒常的に過少開発」されている，と言っています．また，エスター・ボズ
ラップは，これは耕作されていない土地が存在しているというよりも，むし
ろ人口密度が低い状態の中で作付頻度が低い土地が存在していると捉えた方
がよい，と述べています．

　ともかく，こうして土地を受け取った農家は，配分された土地を使う権利，
これを用益権と言いますが，その用益権を得て，配分された土地を使って実
際に農業を行います．これは，4 つの権利で言うならば，農家が「土地を使
用する権利」を行使しているわけです．配分された土地を，農家は，子孫に
相続することはできます．しかし，その土地を売り買いすることはやはりで
きませんし，質に入れるなどして土地を担保にしながらお金を借りることも
できません．つまり，農家も，「土地の主」と同様に，配分された自分の土
地の管理を任されているだけであって，その土地を勝手に処分することはで
きないのです．4 つの権利で言うならば，農家が「土地を処分する権利」は
制限されているのです．実際，長い期間にわたって土地が耕作に用いられな
いなど，用益権者によって農地として適正に管理されなかった場合には，そ
の土地を，「土地の主」に返上しなくてはならないのです．そして，これが
「土地を復帰させる権利」です．通常，数年間程度にわたって土地が耕作に
用いられないと，「土地の主」に返上しなくてはならないと言われています．

　このように，土地に対する権利の主体は重層的です．1 つの土地片に対し
て，農家と共同体がそれぞれの権利を持っているのです．そして，実際に土
地を使用している農家の権利は，共同体，あるいはそれを人格的に体現して
いる「土地の主」によって大幅に制限されています．また，「土地の主」も
土地を自由勝手に処分することはできません．近代的な私的所有の観念は，
土地の絶対的な処分権を個人に認めています．しかし，共同体的な土地所有
のもとでは，こういったことはいかなる個人にも認められてはいないのです．

　そしてこうやって土地の売買が行われていない，ということは，農民層が
分解していかない，ということです．どうしてでしょうか．それは，農家の

中に，土地を集めて大規模農家になるものが生まれてくることはないし，土地を失うものが出てくることもないからです．そしてこういうことは，農家の経済状態が，農家間でほぼ均質な状態が保たれることによって，初めて可能になることです．貧しい者と豊かな者とへの階層化が進んでいかない，ということを背景としています．

では，なぜこういうことが可能になるのでしょうか．実は，共同体の中には，仮に豊かな者と貧しい者とへの階層化の芽が出てきても，それが早いうちに摘み取られてしまう仕組みがあるのです．次にそれを見てみましょう．

共同体内での互助

第12-3図は，収穫後に，農家が稲の籾を販売せずに現物のまま自分の家で持っている量を，家族員数で割って，家族員1人当りの籾の自家保持量を，農家別に見たものです．なお，ここでは，次期作用の種籾は最初から除いてあります．図から，家族員1人当りの籾の自家保持量に，農家間で大きな格差があることが分かります．最低の1人当り68kgと最高の2,553kgとの差は実に38倍です．繰り返しますが，これは，農家が，売らずに，自分の家で持っている籾の量です．

この事実からどういうことが見えてくるでしょうか．家族員1人当りの籾の自家保持量に，農家間で38倍もの開きがあることを，家族の米の消費量に農家間で差がある，ということだけから説明するのは，ちょっと無理でしょう．少ない方の1人当り68kgというのは少なすぎます．これは，籾ですからお米にするとだいたい0.7倍で，48kgです．米離れが進んでいるとされる今日の日本人でさえ年間55kg程度のお米を食べているのです．ニジェール河流域の人達は，お米にスープをかけたものを常に食べて生活している，言うならば，お米中心の食生活です．籾にして1人当り平均300kg程度は食べているのではないでしょうか[12]．そうすると，最高の2,553kgというのは反対に明らかに過大です．では，こういった，一方の過小と他方の過大，この両者は，売り買いで調整されていないとするならば，一体どのように調

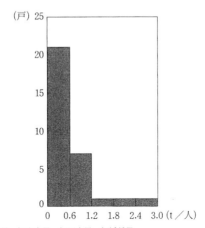

注）　籾自家保持量＝籾生産量－籾販売量－籾播種量

資料）　2003-04年に実施した，モプチ県ソクラ地区ニミトンゴ村の農家31戸を対象とし
　　　　た聞き取り調査より作成．

第 12-3 図　家族員 1 人当り籾自家保持量別農家数（ニミトンゴ村）

整されているのでしょうか[13]．こういった現物の籾の用途は，村内での物物
交換用の財（魚と籾の交換），次期作用種籾（先ほど述べましたように，この
部分は図では最初から除いてあります），村長・「土地の主」さらにはイマーム
（イスラーム導師）への貢納，困窮している者への施しとして用いられます．
　村長など村のオーソリティーへの貢納は村としての備蓄の役割を果たして
います．そして最後に挙げた，困窮している者への施しについてさらに説明

---

12)　種籾充当分を除いた全対象農家の籾自家保持量の総量（105t）をその全家族員数
　　（230人）で割ると，家族員1人当りの平均的な籾自家保持量が算出されますが，そ
　　れは457kgでした．本文で述べたように籾の1人当り消費量を仮に300kg程度と考
　　えると，この年は生産された籾のうち，かなりの量が備蓄に回されていることになり
　　ます．

13)　ここにはもちろん生産量の農家間での格差があります．そこにこのような大きな格
　　差があるのは，1つには，農業よりも漁業に重きを置いている民族集団であるボゾが，
　　村の中に存在しているからです．さらに，対象地で過去に行われた外国からの農業開
　　発支援が，農家間の生産量格差を大きくする方向に作用したことが影響していると考
　　えられます．この点，詳しくは，第9章の参考文献に挙げている拙著の第6章を見て
　　下さい．

するならば，ニジェール河の流域では，農家間で，つまりは籾を過剰に持っている農家から籾に不足している農家への籾の移動が，市場を通すことなく，共同体内部における慣行として行われているのです．

　ところで，皆さんは，喜捨という言葉を聞いたことがあると思いますが，それは，持てる者から待たざる者への，価値や富の移転です．これは，資本制社会では，商品経済の傍らで細々と行われている慈善事業です．細々と行われていると言いながら，それを軽く見ているわけではありませんが，資本制社会における主要な価値や富の移動は，やはり物の売りと買い，つまり市場における取引なのです．しかし，共同体が社会の基本単位である前近代の社会では，物の売りと買いはむしろ副次的な役割を担っているにすぎません．そこでは自給経済が基本です．そして自給経済のアンバランスを調整しているのは，実は，喜捨なのです．つまり，前近代社会では，喜捨は農家間での経済的な状態のアンバランスを調整するうえで必要なものであり，そのためにきわめて重要な経済活動なのです．

　そうは言っても，やはり喜捨はあくまで宗教行為です．ですから，ここでは，宗教行為の中に経済活動が埋め込まれているわけです．カール・ポランニーは，資本制社会では，経済活動は経済活動として純化するが，前近代社会では，経済活動は経済活動として純化せずに，宗教や慣習の中に埋め込まれている，と論じています．私達がニジェール河流域で今見ているのは，正にそういうことなのです．

共同体が強く残っている社会では労働者は形成されにくい

　こういうふうに，持てる者から持たざる者への富や価値の移転が一方的な流れとして行われていると，共同体の中で貧富の格差が拡大していくことはありません．したがって，土地が少数の者の手に集中する一方で土地を失う人が出てくる，そういうこともありません．別の言い方をすると，共同体が強く残っている社会では，労働者は形成されにくいのです．なぜならば，労働者は，農民が土地を失った結果として生まれてくるからです．これが，サ

ブサハラ・アフリカで資本制企業があまり発展しない理由だと思います．サブサハラ・アフリカの農民は共同体で守られているので，資本制企業が雇い入れる労働者は，なかなか形成されないのです．

　こうした状況なので，サブサハラ・アフリカでは，「中心」先進国の多国籍企業が工業化のための直接投資を本格的に行ったことは，かつてはありませんでした．この章の最初の方で，フランス企業はサブサハラ・アフリカに投資を行ってこなかったと述べましたが，このことの背景には，今述べたような事情があるのです．そして，まさにこのことによって，経済停滞が，比較的最近までサブサハラ・アフリカを覆って来ました．

　つまり，第9章で述べた，最近までのサブサハラ・アフリカと東南アジアの状況の違いを説明する要因としてここで注目しているのは，労働者の形成ということです．そして，この2つの地域の労働者の形成の違いを説明するものは，東南アジアでは農民層の分解が進んでいるが，サブサハラ・アフリカではそれが進んでこなかった，ということです．サブサハラ・アフリカでは，最近まで共同体が農民を守っていたのです[14]．

参考文献

NHK 食料危機取材班（2010）『ランドラッシュ：激化する世界農地争奪戦』新潮社．
大塚久雄（1955）『共同体の基礎理論』岩波書店．
カエサル，G. J.（BC52-51 頃執筆）『ガリア戦記』岩波文庫（近山金次訳）．
サーリンズ，M.（1972）『石器時代の経済学』法政大学出版局（山内昶訳）．
タキトゥス，P. C.（97-98）『ゲルマーニア』岩波文庫（泉井久之助訳）．
平野克己（2013）『経済大陸アフリカ：資源，食糧問題から開発政策まで』中公新書．
ボズラップ，E.（1965）『農業成長の諸条件：人口圧による農業変化の経済学』ミネルヴァ書房（安澤秀一・安澤みね訳）．
ポランニー，K.（1957）『経済の文明史』ちくま学芸文庫（玉野井芳郎・平野健一郎編訳）．
メイヤスー，C.（1975）『家族制共同体の理論：経済人類学の課題』筑摩書房（川田順造・原口武彦訳）．

---

14)　共同体に守られてきたサブサハラ・アフリカの農民ですが，今日，外国資本による急速な土地取得と農民の土地喪失が進行しているとの報告があります（NHK 食料危機取材班）．

吉田昌夫編 (1975)『アフリカの農業と土地保有』アジア経済研究所.

Portères. R. (1950) "Vieilles agricultures de l'Afrique intertropicale: Centres d'origine et de diversification variétale primaire et berceaux d'agricultures antérieures au XVI e siècle", *Agronomie tropicale*, 10, pp. 489‑507.

おわりに

「はじめに」のところで述べたように，本書は，筆者が東京農工大学農学部で行ってきた講義用の準備ノートを基に作ったものです．受講生の数は，年によって多少の変動はありましたが，例年ほぼ80名程度でした．毎回，講義が終わると，2，3人の学生が口頭で質問を寄せてきます．また，出席票の余白に質問を書いてくる学生も，毎回，数名程度はいます．中には驚くほど鋭い質問を浴びせてくる学生もいました．例えば，「労働価値説で差額地代の存在をうまく説明できないことが気になって夜も眠ることができません」という「訴え」には，説明不足をお詫びするしかありませんでした．また，声なき声も無視できません．特に，午前中なのに講義中に「眠る」という形で，講義に対する自らの「評価」を，学期末に行うアンケート調査などよりよっぽどはっきりと示してくれる学生もありがたい存在でした．

こういった受講生の熱心な質問や批判，さらには「評価」を参考にしながら，講義内容を年々改善していって今日の姿になったのが本書です．その意味で，この本は，筆者と，受講してくれた学生との共同作業の産物と言えます．ちなみに，講義中に眠る受講生が，もしかしたら講義に改善の跡が見られたということなのでしょうか，近年はいよいよ見あたらなくなったことが，筆者が本書を世に向け出版してもよいと考えるに至った直接の動機なのです．

末筆になりますが，出版事情厳しき昨今，本書の出版を快くお引き受けいただいた日本経済評論社の栗原哲也社長と，出版にあたってさまざまなご助言をいただいた清達二様，担当編集者として文章の細かい点にまでご指摘をいただいた梶原千恵様に感謝申し上げます．

2015年12月

山崎 亮一

索引

194

【著者紹介】

山崎　亮一（やまざき　りょういち）
　東京農工大学大学院農学研究院教授．農学博士．1957
年北海道札幌市生まれ．1986 年に北海道大学大学院農
学研究科修士課程修了．同年に農林水産省に入省して，
農業研究センター，後に国際農林水産業研究センター
（JIRCAS）で勤務．その間に，フランス政府給費留学生
（1994〜95 年），ベトナム長期在外研究員（1996〜97 年）．
1997 年に酪農学園大学助教授（後に教授）．在職中，フ
ランス開発農学研究国際協力センター（CIRAD）客員研
究員（2003〜04 年）．2009 年に現職．著書は，『グロー
バリゼーション下の農業構造動態：本源的蓄積の諸類
型』御茶の水書房（2014 年），『周辺開発途上諸国の共
生農業システム：東南アジア・アフリカを中心に』農林
統計協会（2007 年），山崎亮一著作集全 5 巻（筑波書房：
2020-22 年），など．

農業経済学講義

2016年1月25日　　第1刷発行

著　者　山　崎　亮　一

発行者　栗　原　哲　也

発行所　株式会社　日本経済評論社
〒 101-0051　東京都千代田区神田神保町 3-2
電話　03-3230-1661　FAX　03-3265-2993
E-mail : info8188@nikkeihyo.co.jp
URL : http://www.nikkeihyo.co.jp/
装幀＊渡辺美知子　　　　印刷製本＊シナノ出版印刷

農業経済学講義
(オンデマンド版)

2022年2月2日 発行

著　者　　　山崎　亮一
発行者　　　柿崎　均
発行所　　　株式会社 日本経済評論社
　　　　　　〒101-0062　東京都千代田区神田駿河台1-7-7
　　　　　　電話 03-5577-7286　FAX 03-5577-2803
　　　　　　E-mail: info8188@nikkeihyo.co.jp
　　　　　　URL: http://www.nikkeihyo.co.jp/

印刷・製本　　株式会社 デジタルパブリッシングサービス
　　　　　　URL https://www.d-pub.co.jp/